U0879979

CHOUSHUI XUNENG DIANZHAN TONGYONG ZAOJIA

抽水蓄能电站通用造价

地下厂房分册

国网新源控股有限公司 组编

中国电力出版社
CHINA ELECTRIC POWER PRESS

内容提要

为进一步提升抽水蓄能电站标准化建设水平，深入总结工程建设管理经验，提高工程建设质量和管理效益，国网新源控股有限公司组织有关研究机构、设计单位和专家，在充分调研、精心设计、反复论证的基础上，编制完成了《抽水蓄能电站通用造价》系列丛书，本丛书共5个分册。

本书为《地下厂房分册》，主要内容有4篇16章，第一篇总论，包括概述、通用造价编制与应用总体原则、通用造价编制工作过程；第二篇地下厂房工程典型方案通用造价，包括编制说明、典型方案说明、典型方案一、典型方案二、典型方案三、典型方案四、典型方案五；第三篇单位造价指标和工程单价区间，包括单位造价指标作用与说明、工程单价；第四篇通用造价使用调整方法及工程示例，包括典型方案造价汇总、使用方法、调整方法、工程示例等内容。附录为单价分析表。

本丛书适合抽水蓄能电站设计、建设、运维等有关技术人员阅读使用，其他相关人员可供参考。

图书在版编目（CIP）数据

抽水蓄能电站通用造价．地下厂房分册／国网新源控股有限公司组编．—北京：中国电力出版社，2020.7（2023.6重印）
ISBN 978-7-5198-4265-9

Ⅰ．①抽…　Ⅱ．①国…　Ⅲ．①抽水蓄能水电站—地下厂房—工程造价　Ⅳ．①TV743

中国版本图书馆CIP数据核字（2020）第057041号

出版发行：中国电力出版社
地　　址：北京市东城区北京站西街19号
邮政编码：100005
网　　址：http://www.cepp.sgcc.com.cn
责任编辑：孙建英（010-63412369）
责任校对：黄　蓓　郝军燕
装帧设计：赵姗姗
责任印制：吴　迪

印　　刷：三河市百盛印装有限公司
版　　次：2020年7月第一版
印　　次：2023年6月北京第二次印刷
开　　本：787毫米×1092毫米　横16开本
印　　张：8.25
字　　数：269千字
印　　数：1001—1600册
定　　价：78.00元

编 委 会

前　　言

抽水蓄能电站运行灵活、反应快速，是电力系统中具有调峰、填谷、调频、调相、备用和黑启动等多种功能的特殊电源，是目前最具经济性的大规模储能设施。随着我国经济社会的发展，电力系统规模不断扩大，用电负荷和峰谷差持续加大，电力用户对供电质量要求不断提高，随机性、间歇性新能源大规模开发，对抽水蓄能电站发展提出了更高要求。2014年国家发展改革委下发“关于促进抽水蓄能电站健康有序发展有关问题的意见”，确定“到2025年，全国抽水蓄能电站总装机容量达到约1亿kW，占全国电力总装机的比重达到4%左右”的发展目标。

抽水蓄能电站建设规模持续扩大，大力研究和推广抽水蓄能电站标准化设计，是适应抽水蓄能电站快速发展的客观需要。国网新源控股有限公司作为全球最大的调峰调频专业运营公司，承担着保障电网安全、稳定、经济、清洁运行的基本使命，经过多年的工程建设实践，积累了丰富的抽水蓄能电站建设管理经验。为进一步提升抽水蓄能电站标准化建设水平，深入总结工程建设管理经验，提高工程建设质量和管理效益，国网新源控股有限公司组织有关研究机构、设计单位和专家，在充分调研、精心设计、反复论证的基础上，编制完成了《抽水蓄能电站通用造价》系列丛书，包括地下厂房、上下水库、输水系统、机电设备安装、筹建期工程五个分册。

本通用造价坚持“安全可靠、技术先进、保护环境、投资合理、标准统一、运行高效”的设计原则，追求统一性与可靠性、先进性、经济性、适应性和灵活性的协调统一。该书凝聚了抽水蓄能行业诸多专家和广大工程技术人员的心血和智慧，是公司推行抽水蓄能电站标准化建设的又一重要成果。希望本书的出版和应用，能有力促进和提升我国抽水蓄能电站建设发展，为保障电力供应、服务经济社会发展做出积极的贡献。

由于编者水平有限，不妥之处在所难免，敬请读者批评指正。

编者

2020年3月

目　　录

第三篇 单位造价指标和工程单价区间

第四篇 通用造价使用调整方法及工程示例

附录 单价分析表

第一篇

总 论

第 1 章 概 述

1.1 通用造价目的和意义

为深入贯彻党的十九大精神，全面对接国家电网有限公司（简称国家电网公司）“建设具有中国特色国际领先的能源互联网企业”的战略目标，国网新源控股有限公司（简称国网新源公司）坚持和丰富安全健康发展理念，以推进管理提升为主线，着力提升电网服务能力、核心竞争力和行业引导力，按照“集团化运作、集约化发展、精益化管理、标准化建设”的要求，不断强化抽水蓄能电站建设管理，国网新源公司在通用设计和典型工程的基础上，通过深入广泛地调查研究，根据现行水电行业造价相关规定标准，组织编制完成了《抽水蓄能电站通用造价》丛书。

国网新源公司作为专业的抽水蓄能电站建设和运行管理公司，处在高速发展期，目前管理 60 家单位，其中基建单位占比较大。无论前期方案投资决策、招标阶段控制价确定和投标报价合理性判断，还是实施阶段造价管控，都需要一套参考标准，为广大造价管理人员提供评判尺度。抽水蓄能电站工程造价涉及国网新源公司经济效益和长远发展，建立工程造价标准化体系，合理控制工程造价，提高投资效益，既是抽水蓄能发展方式转变的具体措施，也是抽水蓄能快速发展关键期的基本保障。

《抽水蓄能电站通用造价》丛书是国网新源公司标准化建设成果的重要组成部分，为国网新源公司各部门提供科学的依据和客观的标准，既可规范工程建设市场行为，又有利于通用设计的推广与应用。

（1）编制通用造价是全面贯彻党的十九大精神、深刻认识发展抽水蓄能的重要意义、全面提高工作质量和水平、为我国能源转型做出积极贡献的具体行动。

（2）编制通用造价是抽水蓄能大发展关键时期对造价工作的具体要求，也是国网新源公司作为抽水蓄能电站建设领域引导者的责任和使命。

（3）编制通用造价是国网新源公司贯彻国家电网公司的战略目标，建设具有中国特色国际领先的能源互联网企业的具体体现。

（4）编制通用造价既是基建标准化管理体系的重要建设内容，也是实现造价标准统一、内容深度统一的基础支撑。

（5）编制通用造价为抽水蓄能电站规划选点、预可行性研究、可行性研究、集中规模招标和工程竣工结算等工作的开展创造有利条件。

（6）编制通用造价为造价审查提供尺度，为造价编制和比较分析提供参考，加快设计、评审的进度，方便工程招标，提高抽水蓄能电站建设效率。

1.2 通用造价体系介绍

1.2.1 体系构成

《抽水蓄能电站通用造价》丛书包括五个分册，分别是筹建期工程分册、上下水库分册、输水系统分册、地下厂房分册、机电设备安装分册。《抽水蓄能电站通用造价》丛书按滚动开发方式编制，目前编制的版本为 2019 年版，各分册主要项目组成见图 1-1。

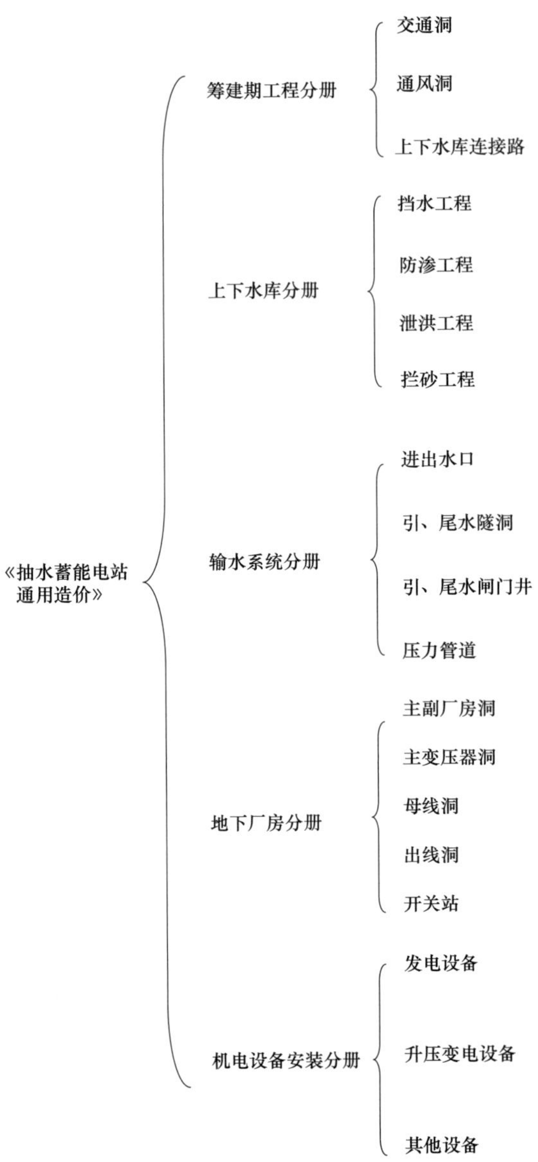

图 1-1 《抽水蓄能电站通用造价》主要项目组成

1.2.2 应用层次

《抽水蓄能电站通用造价》通过典型方案、基本模块和工程单价三个层次实现对项目的造价管理应用，以典型方案造价、基本模块造价和工程单价为基础，调整组合出不同方案的工程造价。

第一层次，典型方案。《抽水蓄能电站通用造价》各分册包含若干典型方案，通过对各分册典型方案的选取、调整和组合，构成目标电站建筑安装工程造价。

第二层次，基本模块。《抽水蓄能电站通用造价》各分册中典型方案由二级项目组成，将各典型方案二级项目的单位造价指标作为基本模块参数，以典型方案为基础，结合实际方案二级项目特征、建筑物尺寸，对二级项目替换、组合和调整，构成目标方案工程造价。

第三层次，工程单价。《抽水蓄能电站通用造价》各分册中给出了不同影响因素的工程造价调整方法，以典型方案工程单价为基础，调整影响工程单价的因素，编制目标工程单价。

1.2.3 各分册主要内容

《抽水蓄能电站通用造价》各分册主要内容包括：统一通用造价的编制条件；选取有代表性的典型方案，说明典型方案的主要技术条件；编制典型方案的工程造价；介绍通用造价的单位造价指标和工程单价；说明通用造价使用方法、单位造价指标和工程单价的主要影响因素及调整办法；编制参考工程示例。

1.2.4 适用范围

《抽水蓄能电站通用造价》适用于抽水蓄能电站从前期到实施各个阶段的造价管控，具体适用范围如下：

（1）适用于抽水蓄能电站规划选点投资匡算、预可行性研究投资估算、可行性研究设计概算、招标控制价、投标报价和工程变更的评审。

（2）适用于抽水蓄能电站可行性研究设计概算、招标控制价、投标报价和工程变更的编制。

（3）适用于不同项目地区、海拔高程、价格水平、岩石级别、断面尺寸和运距等影响因素的造价调整。

（4）常规水电站可参照使用。

第 2 章　通用造价编制与应用总体原则

2.1　编制总体原则

通用造价编制过程中，认真贯彻落实国家电网公司“安全可靠、优质适用、性价合理”的工程建设的总体标准，严格执行现行的水电行业概估算编制规定、取费标准和定额。通用造价的总体编制原则为：方案典型，造价合理，全面清晰，编制科学，简捷灵活，应用广泛。

（1）方案典型，结合实际。抽水蓄能电站通用造价编制采用的典型方案是以国网新源公司抽水蓄能电站通用设计和典型电站为基础，通过对国网新源公司近年开工建设项目的统计、筛选、分析，结合影响工程造价的主要技术条件，科学合理地选择典型方案。

（2）标准统一，造价合理。统一抽水蓄能电站通用造价的编制原则、依据和编制深度，按照国家电网公司和国网新源公司总体建设标准，综合考虑各地区工程建设实际情况，体现近年抽水蓄能电站造价的真实水平。

（3）模块全面，边界清晰。抽水蓄能电站通用造价编制贯彻模块化设计思想，明确模块划分的边界条件，每个分册编制了典型方案造价、基本模块造价和工程单价，各个分册构成了抽水蓄能电站通用造价体系，最大限度地满足抽水蓄能电站设计方案需要，增强通用造价的适应性和灵活性。

（4）总结经验，科学编制。本次通用造价编制工作通过分析影响工程造价的主要技术条件，提出既能满足当前建设要求又有一定代表性的典型方案，依据现行规程规范、建设标准和现行的概算编制依据，符合现实条件，使通用造价更合理、更科学。

（5）使用灵活，简捷适用。抽水蓄能电站通用造价各分册包括典型方案、基本模块和调整方法。通过分册间和分册内部的灵活组合，计算出与各类实际工程相对应的工程造价，同时为分析其他工程的造价合理性提供依据。

（6）阶段全面，应用广泛。抽水蓄能电站通用造价编制以设计概算为桥梁，通过不同阶段的造价调整办法，将规划选点投资匡算、预可行性研究投资估算、可行性研究设计概算、招标阶段控制价和建议合同价格联系在一起，便于不同阶段的造价管理控制。

2.2　应用总体原则

抽水蓄能电站通用造价在推广应用中应与通用设计相协调，从工程实际出发，充分考虑抽水蓄能电站技术进步、国家政策和项目自身特点等影响工程造价的各类因素，有效控制工程造价。

（1）处理好与通用设计的关系。通用造价在通用设计的基础上，按照工程造价管理要求，合理调整完善了典型方案种类，进一步明确了方案的编制依据。抽水蓄能电站通用造价补充了部分基本模块。通用造价与通用设计的侧重点不同，但编制原则、技术条件一致，因此，在应用中可根据两者的特点，相互补充利用。

（2）因地制宜，加强对影响工程造价各类费用的控制。通用造价按照水电行业现行概估算编制规定计算了每个典型方案及基本模块的具体造价，对于计价依据明确的费用，在实际工程设计、评审、管理中须严格把关；对于与通用造价差异较大、计价依据未明确的费用，应进行合理的比较、分析、控制。对于基本模块的选用，要根据项目特点选择，并根据通用造价调整办法对与基本模块差异的部分进行分析调整。

（3）尊重客观实际，合理选择调整方式。对于招标文件或合同文件中明确规定了合同单价或变更单价调整办法的项目，宜根据工程实际条件，具体问题具体分析，编制相应工程单价，不宜简单机械地选用典型工程单价。

（4）加强通用造价的全面推广应用工作。国网新源公司系统内各项目单位在抽水蓄能电站规划选点、预可行性研究、可行性研究、招标、施工、评审和其他造价管理等工作中，要应用通用造价进行工程投资分析、比较，切实发挥通用造价在造价管理中的作用。

（5）滚动开发，与时俱进。根据国家有关工程造价文件修订、抽水蓄能电站工程技术进步、通用设计的修订及完善和典型电站的变化情况，建立通用造价滚动修订机制，不断更新、补充和完善，与时俱进，使通用造价及时体现工程技术进步和市场变化，不断满足工程建设实际工作需要。

2.3 编制与应用特点

《抽水蓄能电站通用造价》丛书在通用设计和典型工程的基础上进行编制，应用简捷灵活，主要特点如下：

（1）方案全面通用。《抽水蓄能电站通用造价》方案选择紧密结合通用设计和工程实际，对通用设计方案覆盖率达100%，包括全部影响抽水蓄能电站造价的主要技术条件，样本齐全，方案典型，通用性强。

（2）模块形式多样，组合灵活。《抽水蓄能电站通用造价》各分册的典型方案造价、二级项目造价和工程单价构成了通用造价体系的基础模块，分册间典型方案造价可组合出整座电站的建筑安装工程造价，二级项目造价可组合出分册项目范围对应的各实际方案造价，工程单价的组合可适用多种实际条件变化。理论上，基础模块样本全面，可进行无限组合，覆盖所有实际情况。

（3）通用造价使用方法宏观和微观相结合，兼顾准确性和便捷性。通用造价使用方便，计算快速准确，提供了单位造价指标法和工程单价法两种使用方法。单位造价指标法属于宏观使用方法，侧重便捷性，适用于二级项目和方案调整；工程单价法属于微观使用方法，侧重准确性，适用于精度要求较高的造价调整。

（4）引入相对概念，消除项目间差异。由于装机规模、地形地貌、枢纽布置条件和建筑物尺寸等差异影响，抽水蓄能电站间相似度不高，采用投资绝对数额，样本数量有限且不利推广应用；引入单位造价指标相对数量的概念，能有效避免项目间差异因素影响，方便灵活组合，克服样本数量不多的限制，有利于通用造价推广应用。

（5）包含造价主要影响因素，调整方法全面。通用造价调整因素包含项目构成差异、尺寸变化、岩石级别差异、价格水平调整、项目地区差异、海拔高程等影响造价的主要因素，并提供了相应的调整方法，调整方法全面，操作简便。

（6）工程阶段全面，适合全过程造价管理。通用造价通过不同阶段的调整方法，可以为抽水蓄能电站规划选点投资匡算、预可行性研究投资估算、可行性研究设计概算、招标控制价和施工变更结算等提供编制参考和评审尺度。

（7）适合各级人员使用。通用造价不但包括单位千瓦、单位体积和单位延米等宏观指标，还包括可具体操作的工程单价，可为管理决策人员提供决策参考和依据，也可为造价管理执行人员提供控制尺度。

第3章 通用造价编制工作过程

3.1 工作方式

《抽水蓄能电站通用造价》总体工作方式是：统一组织、分工明确、广泛调研、方案典型、定期协调、严格把关。通用造价以通用设计和典型工程方案为基础，以控制工程造价为核心，建立滚动修订机制，不断更新、补充和完善。

（1）统一组织。由国网新源公司统一组织编制通用造价，提出抽水蓄能电站通用造价指导性意见，统一协调进度安排，统一组织推广应用，统一组织滚动修订。

（2）分工明确。对通用造价编制工作进行明确分工，山东沂蒙抽水蓄能有限公司组织通用造价实施，中国电建集团北京勘测设计研究院有限公司负责通用造价具体编制及修改工作，国网新源公司系统造价专家对通用造价的质量进行把关和评审。

（3）广泛调研。为了保证通用造价的代表性和典型性，在通用造价编制的过程中，开展深入和广泛的调研工作，在不同阶段充分征求各方的意见和建议，与实际工程建设紧密结合。

（4）方案典型。对典型方案的代表性、科学性、合理性、灵活性进行分析是通用造价编制的重点工作之一，重点确定影响抽水蓄能电站通用造价水平的技术条件，选择通用设计各方案的典型电站和典型施工方法。

（5）定期协调。为了保证通用造价的进度，定期召开协调会，检查工作进展，推进整个编制工作的顺利开展，确保通用造价编制工作在统一的技术原则下进行，按期完成。

（6）严格把关。为保证通用造价编制工作的质量与效率，对通用造价的技术条件、编制依据等关键环节进行严格把关，对每个关键环节组织专家研讨与评审，通过对每一步工作质量的把关，确保通用造价最终成果的科学性、合理性。

3.2 编制过程

《抽水蓄能电站通用造价》编制工作于2018年3月启动，2019年12月形成最终成果，期间召开5次协调评审会，明确各阶段工作任务，对技术方案进行把关，对编制依据、方法和内容进行评审，提高通用造价科学性、正确性和合理性。具体编制过程如下：

2018年3月15日，在北京召开《抽水蓄能电站通用造价研究科技项目》启动会，会议明确了通用造价编制的总体思路、原则、工作方案、各单位分工和下阶段工作目标。

2018年5月11日，在北京召开《抽水蓄能电站通用造价编制细则》审查会，会议对编制细则进行评审，确定通用造价各分册编制办法和各典型方案代表项目。

2018年8月7日，在北京召开抽水蓄能电站通用造价科技项目推进会，会议对抽水蓄能电站通用造价科技项目进行了进度检查，并提出增加通用造价筹建期工程分册要求。

2018年9月26日，在北京召开抽水蓄能电站通用造价地下厂房分册中间成果检查会，进一步明确工作内容和成果要求。

2018年10月16日，在北京召开抽水蓄能电站通用造价地下厂房分册成果评审会。

2019年4月2日，在北京召开抽水蓄能电站通用造价筹建期工程分册、上下水库分册、输水系统分册和机电设备安装分册中间成果检查会，进一步明确工作内容和成果要求。

2019年6月20日，在北京召开抽水蓄能电站通用造价上下水库分册和输水系统分册初稿讨论会。

2019年7月18日，在北京召开抽水蓄能电站通用造价上下水库分册和输水系统分册成果评审会。

2019年11月13日，在北京召开抽水蓄能电站通用造价机电设备安装分册和筹建期工程分册成果评审会。

国家电网公司
STATE GRID
CORPORATION OF CHINA

第二篇

地下厂房工程典型方案通用造价

第4章　编制说明

《抽水蓄能电站通用造价》编制严格执行国家有关法律法规，水电行业基本建设管理制度，水电造价相关编制规定、取费标准和配套定额，结合实际工程情况，确定通用造价编制依据，价格水平为2019年四季度，以典型电站可行性研究阶段设计工程量为基础。通用造价的编制深度、内容、项目划分和表格形式按现行《水电工程设计概算编制规定（2013年版）》（简称水电2013年版编规）要求编制。

4.1　编制依据

（1）《国家电网公司抽水蓄能电站工程通用设计　地下厂房分册》。

（2）《国网新源控股有限公司抽水蓄能电站工程通用设计丛书》。

（3）可再生定额〔2014〕54号文《水电工程设计概算编制规定（2013年版）》及《水电工程费用构成及概（估）算费用标准（2013年版）》。

（4）可再生定额〔2019〕14号文《关于调整水电工程、风电场工程及光伏发电工程计价依据中建筑安装工程增值税税率及相关系数的通知》。

（5）可再生定额〔2018〕16号文《关于调整水电工程计价依据中建筑安装工程增值税税率及相关系数的通知》。

（6）可再生定额〔2016〕25号文《关于发布〈关于建筑业营业税改征增值税后水电工程计价依据调整实施意见〉的通知》。

（7）可再生定额〔2008〕5号文《水电建筑工程概算定额（2007年版）》。

（8）原国家经济贸易委员会公告2003年第38号《水电设备安装工程概算定额（2003年版）》。

（9）水电规造价〔2004〕0028号文《水电工程施工机械台时费定额（2004年版）》。

（10）2019年四季度山东地区材料价格信息。

（11）通用设计各典型方案的代表工程的可研、招标、合同和结算资料。

（12）典型电站的可研、招标、合同和结算资料。

（13）典型的施工方案和施工方法。

（14）其他相关资料。

4.2　条件设定说明

国网新源公司项目所属区域范围较广，站址地质类别多样，地形条件复杂，水文和施工条件不同，且所属区域社会、经济发展不平衡，实际工程的费用选取存在较大差别。通用造价地下厂房分册编制工作中通过广泛调研，明确了地下厂房技术条件，确定了编制依据、材料价格编制原则、取费假定条件等，从而使不同地区、不同站址条件的地下厂房典型方案造价建立在相同的造价平台上，同时各典型方案造价也具备了横向可比性。通用造价地下厂房分册编制过程中进行了必要的、适当的条件设定和取费标准设定。具体如下：

（1）选用实际工程作为通用造价地下厂房分册的典型方案，选用的实际工程的主要技术条件同通用设计各方案主要技术条件一致。

（2）通用造价地下厂房分册各典型方案的工程量，采用实际工程核准的可研报告设计概算中的工程量。

（3）各典型方案相同项目采用同一施工组织设计。

（4）各典型方案的价格水平相同，统一按 2019 年四季度考虑。

（5）各典型方案采用相同的定额和取费标准。

（6）海拔高程按高程 2000m 以下的一般地区考虑。

（7）人工预算单价计算标准采用一般地区，冬雨季施工增加费费率采用中南、华东地区费率，夜间施工增加费费率取中值。

（8）土方工程按Ⅲ类土考虑，石方明挖岩石级别按Ⅸ～Ⅹ、石方洞挖岩石级别按Ⅺ～Ⅻ考虑。

（9）为了保持范围相同，单位造价指标计算时，对不同方案的二级项目进行了归类合并。

4.3 典型方案代表工程选择和工程量

4.3.1 典型方案代表工程选择

根据《国家电网公司抽水蓄能电站工程通用设计　地下厂房分册》（简称地下厂房通用设计）的主要技术条件和使用说明，广泛调研、筛选国网新源公司正在实施的工程作为通用造价地下厂房分册的典型方案代表工程，保证通用造价典型方案对应地下厂房通用设计中各典型设计方案，通用造价典型方案对地下厂房通用设计方案覆盖率达 100%。地下厂房通用设计各典型设计方案和代表工程对比见表 4-1。

表 4-1　　典型设计方案和代表工程对比

编号	特征参数	通用设计	代表工程	符合性评价
一	方案一			
	装机容量	1200MW	1200MW	符合
	机组台数	4	4	符合
	水头/扬程	330.0～452.0m/ 338.0～465.0m	341.4～412.1m/ 354.7～420.6m	符合
	额定转速	375r/min	375r/min	符合
	三大洞室布置	平行布置	平行布置	符合
	围岩类别	不低于Ⅳ类	Ⅱ～Ⅲ类为主	符合
二	方案二			
	装机容量	1200MW	1200MW	符合
	机组台数	4	4	符合
	水头/扬程	404.3～444.4m/ 420.7～457.0m	428.6～428.6m/ 418.6～454.7m	符合
	额定转速	428.6r/min	428.6r/min	符合
	三大洞室布置	平行布置	平行布置	符合
	围岩类别	不低于Ⅳ类	Ⅱ类为主	符合
三	方案三			
	装机容量	1200MW	1200MW	符合
	机组台数	4	4	符合
	水头/扬程	565.1～637.3m/ 586.0～651.4m	470.9～553.0m/ 486.5～563.9m	符合
	额定转速	500r/min	500r/min	符合
	三大洞室布置	平行布置	平行布置	符合
	围岩类别	不低于Ⅳ类	Ⅱ～Ⅲ类为主	符合
四	方案四			
	装机容量	1800MW	1800MW	符合
	机组台数	6	6	符合
	水头/扬程	385.9～458.9m/ 403.0～470.0m	385.9～458.9m/ 403.0～470.0m	符合
	额定转速	428.6r/min	428.6r/min	符合
	三大洞室布置	平行布置	平行布置	符合
	围岩类别	不低于Ⅳ类	Ⅲ类为主	符合
五	方案五			
	装机容量	1800MW	1800MW	符合
	机组台数	6	6	符合
	水头/扬程	550.0～650.0m/ 586.0～651.4m	565.1～642.9m/ 586.0～651.4m	符合
	额定转速	500r/min	500r/min	符合
	三大洞室布置	平行布置	平行布置	符合
	围岩类别	不低于Ⅳ类	Ⅲ类为主	符合

4.3.2 工程量

通用造价地下厂房分册各典型方案项目划分按水电 2013 年版编规划分，项目出项和工程量与各典型方案代表工程核准的可行性研究设计概算中的项目出项和工程量保持一致。各典型方案详细工程量见第 6 章至第 10 章内容，各典型方案工程量汇总见表 4-2。

表 4-2 典型方案工程量汇总

编号	项目名称	单位	方案一	方案二	方案三	方案四	方案五
1	土方开挖	m^3	50800	32500	123823	38968	42640
2	石方明挖	m^3	203000	89200	481670	194839	253053
3	石方洞挖	m^3	459800	371500	487431	542344	583060
4	土石方填筑	m^3		10000	18900	21546	
5	浆砌石	m^3	1352	10000	593	7150	5500
6	混凝土	m^3	97100	50700	114686	130742	139322
7	钢筋及钢材	t	9815	6522	12708	9073	12976
8	止水	m	6862	500		6039	6111
9	喷混凝土	m^3	17354	10800	14032	17194	24069
10	锚杆	根	52521	31587	61983	91071	119349
11	锚索	束	419	20	555	817	543
12	帷幕灌浆钻孔	m					6000
13	帷幕灌浆	t					480
14	固结灌浆钻孔	m		2000	2750	1100	16463
15	固结灌浆	t		92	193	56	1260
16	回填灌浆	m^2	10792	9000	15586	13784	26521
17	接触灌浆	m^2			990	528	
18	排水孔	m	44888	36600	70229	57018	122558

4.4 基础价格

4.4.1 人工预算单价

抽水蓄能电站通用造价人工预算单价根据《水电工程费用构成及概（估）算费用标准（2013 年版）》计算，各典型方案人工预算单价计算标准统一采用一般地区标准，人工预算单价见表 4-3。

表 4-3 人工预算单价

编号	项目名称	预算价格（元/工时）	备注
1	高级熟练工	10.26	
2	熟练工	7.61	
3	半熟练工	5.95	
4	普工	4.90	

4.4.2 材料预算价格

材料预算价格由材料原价、运杂费、运输保险费和采购及保管费等组成，以不含增值税进项税额的价格计算。主要材料预算价格超过“可再生定额〔2016〕25 号文”所规定的最高限额价格时，按最高限额价格计算工程直接费、间接费和利润等，超出最高限额价格部分以补差形式计入相应工程单价，并计算税金。主要材料预算价格见表 4-4。

其他材料预算价格参考同类工程资料分析确定。

表 4-4 主要材料预算价格

编号	名称及规格	单位	预算价格（元）	限额价（元）	备注
1	钢筋	t	4047	3400	
2	水泥 42.5	t	503	440	
3	原木	m^3	1540		
4	板枋材	m^3	2099		
5	柴油	t	7076		
6	汽油	t	8427		
7	炸药	t	10751	6800	

4.4.3 电、水、风、砂石料价格

电、水、风、砂石料价格根据典型施工组织设计方案计算。施工用电以电网供电为主，柴油发电机发电为辅；施工用水按多级供水考虑，水价根据各级用水比例综合计算；施工供风采取分区布置，集中设置空压站与配备移动空压机相结合方式；砂石料加工系统料源为其他部位开挖料。电、水、风、砂石料价格见表 4-5。

表 4-5　　电、水、风、砂石料价格

编号	名称及规格	单位	预算价格（元）	备注
1	施工用电	kWh	0.801	
2	施工用水	m^3	2.840	
3	施工用风	m^3	0.134	
4	碎石	m^3	40.85	
5	砂	m^3	69.99	

4.4.4　混凝土材料单价

混凝土材料价格根据类似工程混凝土配合比试验资料分析计算。

4.4.5　施工机械台时费

施工机械台时费按水电规造价〔2004〕0028 号颁发的《水电工程施工机械台时费定额》以及“可再生能源定额站〔2016〕25 号文”、“可再生定额〔2018〕16 号文”和“可再生定额〔2019〕14 号文”计算。

4.5　工程单价

建筑工程单价由直接费、间接费、利润、税金组成。根据典型施工组织设计、“可再生定额〔2016〕25 号文”、“可再生定额〔2018〕16 号文”、“可再生定额〔2019〕14 号文”、《水电建筑工程概算定额（2007 年版）》、《水电设备安装工程概算定额（2003 年版）》、《水电施工机械台时费定额（2004 年版）》定额和《水电工程费用构成及概（估）算费用标准（2013 年版）》等计算。

4.5.1　施工组织设计

典型施工组织设计根据近年在抽水蓄能电站施工中广泛使用的施工方案和施工方法等确定。

厂房和主变压器采用分层施工，自上而下依次先挖顶拱，逐层下挖，逐层锚喷支护的施工程序，顶拱开挖采用中导洞领先，两侧扩挖跟进的方法。主厂房一期混凝土用 $6m^3$ 混凝土搅拌车运至安装间转 $6m^3$ 吊罐，临时桥机吊罐入仓，二期混凝土采用 HB30 型混凝土泵泵送入仓，钢筋、模板、预埋件等采用临时桥式起重机吊运就位。

母线洞分两层开挖，上层采用三臂液压凿岩台车钻孔，全断面掘进，光面爆破，下层风钻扩挖。出线竖井由 LM200 反井钻机打导井，导井直径 1.4m，而后一次风钻扩挖形成直径 3m 溜渣井，二次扩挖成型，扩挖采用周边光面爆破方法。通风洞、主变压器运输洞等洞室开挖，采用三臂液压凿岩台车钻孔，周边光面爆破。竖井混凝土衬砌采用滑模施工，$3m^3$ 混凝土搅拌运输车运输，转溜管入仓。平洞混凝土衬砌采用 $3m^3$ 混凝土搅拌运输车运输，钢木组合模板，混凝土泵送入仓。

各部位施工方法详见表 4-6。

表 4-6　　各部位施工方法

编号	项目名称	施工方法
一	土方工程	
	地面开关站土方开挖	118kW 推土机剥离集料，$3m^3$ 装载机装土，15t 自卸出渣，运距 1.5km
二	石方工程	
	厂房石方洞挖	共分七层开挖，顶拱开挖占 16%，采用中导洞领先，两侧扩挖跟进的施工方法。Ⅱ层（18%）采用中间拉槽，边墙保护层的开挖方式，梯段爆破，梯段高度 8m，边墙采用保护层开挖，厚度 5m，光面爆破，进行保护层开挖。顶拱与Ⅱ层出渣方式及运距同顶拱，采用三臂液压凿岩台车钻孔，光面爆破，$3m^3$ 装载机装 20t 自卸汽车运输至渣场。洞内运距 2.0km，洞外运距 2.0km。下部（66%）采用分层开挖，层厚 7～8m，ROC712 液压履带钻机钻孔，深孔梯段爆破，沿厂房设计边线先打预裂孔，118kW 推土机集渣，$3m^3$ 装载机装 20t 自卸汽车出渣，洞内运距 2.0km，洞外运距 2.6km
	主变压器室石方洞挖	50%采用三臂凿岩台车，$3m^3$ 装载机装 15t 自卸汽车，洞内运距 2.0km；洞外运距 2.0km。50%采用 ROC712 液压钻钻孔，周边预裂爆破，梯段毫秒爆破，$3m^3$ 装载机装 15t 自卸汽车，洞内运距 2.0km；洞外运距 2.6km
	母线洞石方洞挖	采用三臂凿岩台车钻孔爆破，$3m^3$ 装载机装 15t 自卸汽车运输出渣，洞内运距 2.0km，洞外运距 2.6km
	排水廊道石方洞挖	采用气腿钻钻孔，扒渣机装小型机动翻斗车运渣，小断面洞内运距 0.6km，之后倒运一次，15t 自卸汽车出渣，洞内运距 2.0km，洞外运距 2.6km
	低压电缆洞石方洞挖	气腿钻钻爆，由 $3m^3$ 装载机装 15t 自卸汽车出渣，洞内运距 2.0km，洞外运距 2.6km
	排风竖井石方洞挖	反井钻机打导井，风钻扩挖至 3m 溜渣井，$3m^3$ 装载机装 15t 自卸汽车出渣，洞内运距 2.0km，洞外运距 2.6km
	出线平洞石方洞挖	风钻钻爆，由 $2m^3$ 装载机装 10t 自卸汽车出渣，洞内运距 2.2km，洞外运距 2.6km

续表

编号	项目名称	施工方法
	出线竖井石方洞挖	反井钻机打导井，风钻扩挖至 3m 溜渣井，$3m^3$装载机装 15t 自卸汽车出渣，洞内运距 2.2km，洞外运距 2.6km
	地面开关站石方明挖	石方开挖采用 YQ-100 型潜孔钻机钻爆，推土机集渣，用 $3m^3$ 挖掘机装 15t 自卸汽车运输出渣，运距 1.5km
	排风机平台石方明挖	石方开挖采用风钻钻爆，推土机集渣，用 $3m^3$ 挖掘机装 15t 自卸汽车运输出渣，运距 2.0km
	排水洞竖井开挖	反井钻机打导井，风钻扩挖至 3m 溜渣井，$3m^3$装载机装 15t 自卸汽车出渣，洞内运距 2.0km，洞外运距 2.6km
	排风平洞洞挖	60%采用三臂凿岩台车钻孔爆破，40%采用气腿钻钻爆，由 $3m^3$ 装载机装 15t 自卸汽车出渣，洞内运距 2.0km，洞外运距 2.6km
三	堆砌石工程	
	浆砌石 挡墙	人工从渣场拣石块，手推车运 100m，$2m^3$装载机装 10t 自卸汽车运输 1.0km，人工砌筑
	浆砌石 排水沟	人工从渣场拣石块，手推车运 100m，$2m^3$装载机装 10t 自卸汽车运输 1.0km，人工砌筑
四	混凝土工程	
	厂房下部混凝土 C25（二）	拌和楼拌制混凝土，$6m^3$ 混凝土搅拌运输车运输，运距洞内 2.0km，洞外 0.5km，1/5 由混凝土泵送入仓，其余厂房桥机吊 $3m^3$ 混凝土罐入仓，插入式振捣器振捣
	厂房上部混凝土 C25（二）	拌和楼拌制混凝土，$6m^3$ 混凝土搅拌运输车运混凝土，运距洞内 2.0km，洞外 0.5km。混凝土泵送入仓，插入式振捣器振捣
	通风洞衬砌混凝土 C25（二）	隧洞喷锚支护后衬砌，拌和楼拌制混凝土，$3m^3$ 混凝土搅拌运输车运混凝土，洞外运距 0.2km，洞内运距 0.8km。混凝土泵送入仓，插入式振捣器振捣
	低压电缆洞衬砌混凝土 C25（二）	隧洞喷锚支护后衬砌，拌和楼拌制混凝土，$3m^3$ 混凝土搅拌运输车运混凝土，洞外运距 0.5km，洞内运距 2.0km。混凝土泵送入仓，插入式振捣器振捣
	主变压器室混凝土 C25（二）	拌和楼拌制混凝土，$6m^3$ 混凝土搅拌运输车运混凝土，洞内运距 2.0km，洞外运距 0.5km。混凝土泵送入仓，插入式振捣器振捣
	母线洞衬砌混凝土 C25（二）	隧洞喷锚支护后衬砌，拌和楼拌制混凝土，$3m^3$ 混凝土搅拌运输车运混凝土，洞内运距 2.0km，洞外运距 0.5km。混凝土泵送入仓，2.2kW 插入式振捣器振捣
	出线洞衬砌混凝土 C25（二）	隧洞喷锚支护后衬砌，拌和楼拌制混凝土，$3m^3$ 混凝土搅拌运输车运混凝土，洞外运距 0.5km，洞内运距 2.2km。混凝土泵送入仓，插入式振捣器振捣
	板梁柱混凝土 C25（二）	拌和楼拌制混凝土，$3m^3$ 混凝土搅拌运输车运混凝土，洞外运距 0.8km。混凝土溜槽入仓，插入式振捣器振捣

续表

编号	项目名称	施工方法
	出线竖井衬砌混凝土 C25（二）	竖井喷锚支护后衬砌，拌和楼拌制混凝土，$3m^3$ 混凝土搅拌车运混凝土，运距 0.8km，溜筒入仓，H=260m，滑模施工，2.2kW 插入式振捣器振捣
	地面开关站块石混凝土 C15（三）	拌和楼拌制混凝土，$6m^3$ 混凝土搅拌运输车运混凝土，洞外运距 1.5km。混凝土溜槽入仓，插入式振捣器振捣。块石由人工捡集
	排风平洞衬砌混凝土 C25（二）	隧洞喷锚支护后衬砌，拌和楼拌制混凝土，$3m^3$ 混凝土搅拌运输车运混凝土，洞外运距 0.5km，洞内运距 2.0km。混凝土泵送入仓，插入式振捣器振捣
	排水廊道衬砌混凝土 C25（二）	拌和楼拌制混凝土，$3m^3$ 混凝土搅拌运输车运混凝土，洞外运距 0.5km，洞内运距 2.0km。混凝土泵送入仓，插入式振捣器振捣
	排水洞衬砌混凝土 C25（二）	隧洞喷锚支护后衬砌，拌和楼拌制混凝土，$3m^3$ 混凝土搅拌车运混凝土，运距 0.8km，溜筒入仓，H=260m，滑模施工，2.2kW 插入式振捣器振捣
	挡墙混凝土 C20（二）	拌和楼拌制混凝土，$6m^3$混凝土搅拌车运混凝土，运距 0.8km，HB60 型混凝土泵送入仓，钢模板施工，2.2kW 插入式振捣器振捣
	排风竖井衬砌混凝土 C25（二）	竖井喷锚支护后衬砌，拌和楼拌制混凝土，$3m^3$ 混凝土搅拌车运混凝土，运距 0.8km，溜筒入仓，H=260m，滑模施工，2.2kW 插入式振捣器振捣
	置换混凝土 C20（二）	拌和楼拌制混凝土，$6m^3$ 混凝土搅拌运输车运混凝土，洞外运距 0.5km，洞内运距 2.2km。混凝土泵送入仓，插入式振捣器振捣
	护坡框格混凝土 C25（二）	拌和楼拌制混凝土，$6m^3$ 混凝土搅拌运输车运混凝土，洞外运距 1.5km。混凝土泵送入仓，插入式振捣器振捣
五	喷锚支护工程	
	锚杆 ϕ22/25 L=3/5m	风钻钻孔
	厂房 洞内锚杆 ϕ22/25 L=3.5/6m	65%气腿钻钻孔，35%三臂液压台车钻孔
	洞内/露天 锚杆 L=7/12m	潜孔钻钻孔
	预应力锚杆 ϕ32 L=10m	潜孔钻钻孔
	预应力锚杆 ϕ36 L=12m	潜孔钻钻孔
	预应力锚杆 ϕ28 L=10m	潜孔钻钻孔
	锚束 3ϕ28 L=12m	地质钻钻孔

续表

编号	项目名称	施工方法
	锚索 1000kN/2000kN $L=20/40$m	无黏结式岩石预应力锚索，地质钻钻孔
	洞内 喷混凝土 10cm	机械湿喷，平洞支护，有钢筋网
	露天 喷混凝土 10cm	机械湿喷，地面护坡，有钢筋网
	洞内 喷钢纤维混凝土 20cm	机械湿喷，平洞支护
六	基础处理工程	
	排水廊道帷幕灌浆钻孔	地质钻钻岩石孔，孔深 50～100m
	帷幕灌浆	帷幕灌浆，自下而上，水泥单位注入量 50kg/m
	露天固结灌浆钻孔	潜孔钻钻岩石孔，孔深 12m 以内
	露天固结灌浆	露天岩石固结灌浆，自下而上，水泥单位注入量 40kg/m
	洞内固结灌浆钻孔	气腿钻钻孔，孔深 5m 以内
	隧洞固结灌浆	隧洞固结灌浆，水泥单位注入量 40kg/m
	露天排水孔 5m 以内	手风钻钻孔，孔深 5m 以内
	露天排水孔 12m 以内	潜孔钻钻孔，孔深 12m 以内
	洞内排水孔 5m 以内	气腿钻钻孔，孔深 5m 以内
	排水廊道洞内排水孔－50m	地质钻钻孔，孔深 50m

4.5.2 取费费率

取费费率根据《水电工程费用构成及概（估）算费用标准（2013 年版）》、“可再生定额〔2016〕25 号文”、“可再生定额〔2018〕16 号文”和“可再生定额〔2019〕14 号文”计取。其中，其他直接费中的冬雨季施工增加费费率采用中南、华东地区费率，夜间施工增加费费率取中值。建筑工程取费费率详见表 4-7。

表 4-7　　建筑工程取费费率

编号	工程或费用名称	计算基础	费率（%）	备注
一	其他直接费	基本直接费	6.75	
二	间接费费率			
	土方工程	直接费	13.3	
	石方工程	直接费	22.4	
	混凝土工程	直接费	16.9	
	钢筋制作安装工程	直接费	8.41	
	喷锚支护工程	直接费	21.46	
	基础处理工程	直接费	19.04	
	其他工程	直接费	18.29	
三	利润	直接费＋间接费	7	
四	税金	直接费＋间接费＋利润	9	

第 5 章　典型方案说明

通用造价地下厂房分册中典型方案以地下厂房通用设计的方案为基础，重点突出影响抽水蓄能电站造价的技术条件。为了便于使用，通用造价地下厂房分册方案与地下厂房通用设计对应方案的方案名称保持一致。

地下厂房工程通用造价典型方案主要技术条件汇总表见表 5-1。

表 5-1　　典型方案主要技术条件

编号	方案名称	装机容量	机组台数	额定转速	围岩类别
1	方案一	1200MW	4	375r/min	Ⅱ～Ⅲ类为主
2	方案二	1200MW	4	428.6r/min	Ⅱ类为主
3	方案三	1200MW	4	500r/min	Ⅱ～Ⅲ类为主
4	方案四	1800MW	6	428.6r/min	Ⅲ类偏好为主
5	方案五	1800MW	6	500r/min	Ⅲ类为主

第 6 章　典型方案一

6.1 主要技术条件

本典型方案对应《国家电网公司抽水蓄能电站工程通用设计　地下厂房分册》中通用设计的方案一。本典型方案为电站装设 4 台单机容量 300MW 的单级立轴混流可逆式水泵水轮机组和发电电动机组，额定转速 375r/min，水头范围在 330～452m；主厂房洞、主变压器洞、尾闸洞三大洞室平行布置；安装场与主副厂房布置于主机间两端；进厂交通洞采用沿厂房纵轴进入（端部进厂），通风兼安全洞从主副厂房端部进入厂房；引水系统与厂房纵轴线夹角为65°～90°。典型方案一主要技术条件见表6-1。

表6-1　　典型方案一主要技术条件

编号	项目名称	工程特征	备注
一	站址基本条件		
	围岩类别	地下厂房洞室围岩以Ⅱ～Ⅲ类为主	
	岩性	微新片麻状闪长岩、花岗闪长岩	
	地下水类型	基岩裂隙水	
二	土建尺寸		
	主厂房洞	开挖尺寸173.00m×25.50m×53.50m（长×宽×高）。机组段总长108m，机组间距为25.50m；安装间长45.00m，主副厂房长20.00m	Ⅱ类围岩占59%，Ⅲ类围岩占36%，Ⅳ～Ⅴ类围岩占5%
	主变压器洞	开挖尺寸155.00m×21.00m×22.00m（长×宽×高）	Ⅱ类围岩占59%，Ⅲ类围岩占36%，Ⅳ～Ⅴ类围岩占5%
	母线洞	净断面40m×8.5m×9.5m（长×宽×高）	
	交通电缆洞	净尺寸为40.0m×2.5m×6.0m	
	500kV电缆出线洞	平洞净断面485m×4.0m×5.0m（长×宽×高），城门洞形，竖井净断面为圆形，长196m，内部净直径为8.8m	Ⅱ～Ⅲ类为主，断层和裂隙密集带部位为Ⅳ类
	排水廊道	净断面2017m×3.0m×3.50m（长×宽×高）	
	排风洞	平洞净断面46.5m×2.5m×2.5m（长×宽×高），竖井净断面为圆形，长217m，内部净直径为7m	Ⅱ～Ⅲ类为主，断层和挤压破碎带部位为Ⅳ～Ⅴ类
	开关站	地面开关站，平面尺寸88m×56m（长×宽），户内500kV GIS	

6.2　项目组成处理

根据地下厂房通用设计项目划分，本典型方案项目组成包括主厂房、主副厂房、安装场、主变压器洞、尾闸洞、母线洞、交通电缆洞、500kV电缆出线洞、进厂交通洞、通风兼安全洞、排水廊道（上、中、下层）、集水井、尾闸交通洞、主变压器通风洞、主变压器排烟竖井、尾闸通风洞、500kV电缆出线竖井、主变压器交通洞、开关站等。

为了和国网新源公司管理要求、行业标准《水电工程设计概（估）算编制规定（2013年版）》项目划分和可研阶段设计出项习惯保持一致，对典型方案项目进行适当归类和合并。将尾闸洞、集水井归入输水系统，计入通用造价输水系统分册；将进厂交通洞、通风兼安全洞、主变压器交通洞计入通用造价筹建期工程分册；将主厂房、主副厂房、安装场合并为主厂房洞。

归类和合并后，本典型方案项目组成包括主厂房洞、主变压器洞、母线洞、交通电缆洞、500kV电缆出线洞、排水廊道（上、中、下层）、主变压器排烟竖井、500kV电缆出线竖井、开关站等。

6.3　方案造价

根据地下厂房通用设计典型方案一代表工程的可研阶段设计工程量和第4章中拟定条件计算的工程单价编制地下厂房典型方案一通用造价。典型方案一通用造价见表6-2。

表6-2　　典型方案一通用造价

编号	工程或费用名称	单位	数量	单价（元）	合计（万元）
一	地下发电厂房工程				18807.58
1	发电基础工程				11734.17
	石方洞挖	m^3	200400.00	104.93	2102.80
	结构混凝土C25二级配	m^3	44100.00	636.69	2807.80
	橡胶止水	m	2946.00	166.29	48.99
	钢筋	t	4396.00	6429.16	2826.26
	钢纤维喷混凝土20cm	m^3	5262.00	1553.91	817.67
	锚杆 $\phi 36$ $L=10$m	根	843.00	1425.06	120.13
	锚杆 $\phi 28$ $L=8$m	根	10319.00	977.02	1008.19
	锚杆 $\phi 22$ $L=4$m	根	429.00	201.26	8.63
	预应力锚杆 $\phi 32$ $L=10$m	根	2475.00	3355.31	830.44
	锚索 $T=2000$kN $L=25$m	束	220.00	31597.27	695.14
	排水孔 孔深5m	m	5582.00	26.81	14.97
	排水管	m	5567.00	30.00	16.70

续表

编号	工程或费用名称	单位	数量	单价（元）	合计（万元）
	钢结构	t	154.00	7500.00	115.50
	屋顶网架	t	166.96	12000.00	200.35
	细部结构	m^3	46225.00	26.09	120.60
2	发电厂房工程				3663.44
	结构混凝土 C25 二级配	m^2	12800.00	824.29	1055.09
	钢筋	t	1548.00	6429.16	995.23
	砖墙	m^3	3045.00	500.00	152.25
	装修工程	m^2	12000.00	1200.00	1440.00
	细部结构	m^3	8000.00	26.09	20.87
3	排水廊道工程				1622.81
	石方洞挖	m^3	33000.00	268.91	887.40
	路面混凝土 C30 二级配	m^3	1200.00	604.32	72.52
	排水沟混凝土 C15 二级配	m^3	400.00	583.52	23.34
	钢筋网	t	28.00	6429.16	18.00
	喷混凝土 10cm	m^3	2371.00	971.50	230.34
	锚杆 $\phi22$ $L=2m$	根	3161.00	96.31	30.44
	排水孔 孔深 20～45m	m	14365.00	240.25	345.12
	排水孔 孔深 3m	m	1333.00	26.81	3.57
	排水管	m	1778.00	30.00	5.33
	细部结构	m^3	3971.00	17.00	6.75
4	低压电缆洞工程				79.44
	石方洞挖	m^3	1000.00	190.24	19.02
	衬砌混凝土 C25 二级配	m^3	300.00	941.77	28.25
	橡胶止水	m	83.00	166.29	1.38
	钢筋	t	20.00	6429.16	12.86
	挂网钢筋	t	3.00	6429.16	1.93
	喷混凝土 10cm	m^3	68.00	971.50	6.61
	锚杆 $\phi22$ $L=4m$	根	303.00	192.79	5.84
	回填灌浆	m^2	195.00	106.37	2.07
	排水孔 孔深 3m	m	128.00	26.81	0.34
	排水管	m	171.00	30.00	0.51
	细部结构	m^3	368.00	17.00	0.63
5	排风竖井工程				704.61
	石方洞挖	m^3	11000.00	253.38	278.72

续表

编号	工程或费用名称	单位	数量	单价（元）	合计（万元）
	衬砌混凝土 C25 二级配	m^3	2500.00	777.43	194.36
	钢筋	t	147.00	6429.16	94.51
	挂网钢筋	t	22.00	6429.16	14.14
	喷混凝土 10cm	m^3	544.00	971.50	52.85
	锚杆 $\phi22$ $L=4m$	根	2657.00	192.79	51.22
	排水孔 孔深 3m	m	1019.00	26.81	2.73
	排水管	m	1359.00	30.00	4.08
	钢结构	t	5.00	7500.00	3.75
	细部结构	m^3	3044.00	27.10	8.25
6	排风平洞				707.04
	石方洞挖	m^3	20000.00	185.48	370.96
	衬砌混凝土 C25 二级配	m^3	800.00	913.86	73.11
	路面混凝土 C30 二级配	m^3	500.00	644.87	32.24
	排水沟混凝土 C15 二级配	m^3	100.00	559.93	5.60
	橡胶止水	m	231.00	166.29	3.84
	钢筋	t	49.00	6429.16	31.50
	钢筋网	t	32.00	6429.16	20.57
	喷混凝土 10cm	m^3	789.00	971.50	76.65
	锚杆 $\phi22$ $L=4m$	根	3506.00	192.79	67.59
	回填灌浆	m^2	857.00	106.37	9.12
	排水孔 孔深 3m	m	1479.00	26.81	3.97
	排水管	m	1972.00	30.00	5.92
	钢结构	t	3.00	7500.00	2.25
	细部结构	m^3	2189.00	17.00	3.72
7	排风机房平台工程				296.07
	土方开挖	m^3	1200.00	15.60	1.87
	石方明挖	m^3	4700.00	41.42	19.47
	浆砌石	m^3	312.00	276.79	8.64
	结构混凝土 C25 二级配	m^3	500.00	1283.56	64.18
	路面混凝土 C30 二级配	m^3	200.00	668.19	13.36
	钢筋	t	68.00	6289.23	42.77
	钢筋网	t	8.00	6289.23	5.03
	喷混凝土 10cm	m^3	236.00	909.32	21.46
	锚杆 $\phi22$ $L=4m$	根	589.00	151.56	8.93

续表

编号	工程或费用名称	单位	数量	单价（元）	合计（万元）
	排水孔 孔深 3m	m	589.00	19.86	1.17
	钢结构	t	123.00	7500.00	92.25
	砖墙	m^3	262.00	500.00	13.10
	细部结构	m^3	936.00	40.98	3.84
二	升压变电工程				9433.75
1	主变压器室工程				3520.08
	石方洞挖	m^3	72700.00	100.16	728.16
	结构混凝土 C25 二级配	m^3	8500.00	754.01	640.91
	橡胶止水	m	796.00	166.29	13.24
	钢筋	t	1004.00	6429.16	645.49
	喷钢纤维混凝土 20cm	m^3	1565.00	1553.91	243.19
	锚杆 $\phi 28$ $L=8m$	根	1159.00	977.02	113.24
	锚杆 $\phi 28$ $L=6m$	根	4637.00	402.02	186.42
	锚索 $T=2000kN$ $L=25m$	根	103.00	31597.27	325.45
	排水孔 孔深 3m	m	2609.00	26.81	6.99
	排水管	m	2609.00	30.00	7.83
	钢结构	t	82.00	7500.00	61.50
	砖墙	m^3	1328.00	500.00	66.40
	装修工程	m^2	6500.00	700.00	455.00
	细部结构	m^3	10065.00	26.09	26.26
2	母线洞工程				600.42
	石方洞挖	m^3	15500.00	119.92	185.88
	衬砌混凝土 C25 二级配	m^3	2200.00	715.49	157.41
	路面混凝土 C30 二级配	m^3	400.00	644.87	25.79
	橡胶止水	m	605.00	166.29	10.06
	钢筋	t	134.00	6429.16	86.15
	钢筋网	t	18.00	6429.16	11.57
	喷混凝土 10cm	m^3	446.00	971.50	43.33
	锚杆 $\phi 22$ $L=4m$	根	1981.00	192.79	38.19
	回填灌浆	m^2	2024.00	106.37	21.53
	排水孔 孔深 3m	m	1114.00	26.81	2.99
	排水管	m	1114.00	30.00	3.34
	钢结构	t	12.00	7500.00	9.00
	细部结构	m^3	3046.00	17.00	5.18

续表

编号	工程或费用名称	单位	数量	单价（元）	合计（万元）
3	出线平洞工程				999.83
	石方洞挖	m^3	15100.00	178.25	269.16
	衬砌混凝土 C25 二级配	m^3	3700.00	820.30	303.51
	路面混凝土 C30 二级配	m^3	400.00	625.64	25.03
	排水沟混凝土 C15 二级配	m^3	100.00	559.93	5.60
	橡胶止水	m	1077.00	166.29	17.91
	钢筋	t	224.00	6429.16	144.01
	钢筋网	t	32.00	6429.16	20.57
	喷混凝土 10cm	m^3	799.00	971.50	77.62
	锚杆 $\phi 22$ $L=4m$	根	3549.00	192.79	68.42
	回填灌浆	m^2	3569.00	106.37	37.96
	排水孔 孔深 3m	m	5800.00	26.81	15.55
	排水管	m	1996.00	30.00	5.99
	细部结构	m^3	4999.00	17.00	8.50
4	出线竖井工程				1027.23
	石方洞挖	m^3	16300.00	195.47	318.62
	结构混凝土 C25 二级配	m^3	1600.00	599.52	95.92
	衬砌混凝土 C25 二级配	m^3	3000.00	681.29	204.39
	钢筋	t	371.00	6429.16	238.52
	钢筋网	t	26.00	6429.16	16.72
	喷混凝土 10cm	m^3	647.00	971.50	62.86
	锚杆 $\phi 22$ $L=4m$	根	3164.00	192.79	61.00
	排水孔 孔深 3m	m	1214.00	26.81	3.25
	排水管	m	1659.00	30.00	4.98
	钢结构	t	9.00	7500.00	6.75
	细部结构	m^3	5247.00	27.10	14.22
5	地面开关站工程				3286.19
	土方开挖	m^3	45400.00	14.57	66.15
	石方明挖	m^3	181700.00	37.90	688.64
	浆砌石	m^3	520.00	279.18	14.52
	结构混凝土 C25 二级配	m^3	5700.00	599.52	341.73
	路面混凝土 C30 二级配	m^3	2000.00	668.19	133.64
	钢筋	t	785.00	6289.23	493.70
	挂网钢筋	t	50.00	6289.23	31.45

续表

编号	工程或费用名称	单位	数量	单价（元）	合计（万元）
	喷混凝土 10cm	m^3	1568.00	909.32	142.58
	锚杆 $\phi25$ $L=6m$	根	4313.00	272.34	117.46
	锚索 $T=2000kN$ $L=25m$	束	96.00	31526.36	302.65
	排水孔 孔深 3m	m	3921.00	19.86	7.79

续表

编号	工程或费用名称	单位	数量	单价（元）	合计（万元）
	钢结构	t	134.00	7500.00	100.50
	砖墙	m^3	1148.00	500.00	57.40
	地面开关站	m^2	3000.00	2500.00	750.00
	细部结构	m^3	9268.00	40.98	37.98

第 7 章　典型方案二

7.1　主要技术条件

本典型方案对应《国家电网公司抽水蓄能电站工程通用设计　地下厂房分册》中典型设计的方案二。本典型方案为电站装设 4 台单机容量 300MW 的单级立轴混流可逆式水泵水轮机组和发电电动机组，额定转速 428.6r/min，水头范围在 404.3～444.4m；主厂房洞、主变压器洞、尾闸洞三大洞室平行布置；安装场与主副厂房布置于主机间两端；进厂交通洞采用沿厂房纵轴进入（端部进厂），通风兼安全洞从主副厂房端部进入厂房；引水系统与厂房纵轴线夹角为 65°～90°。典型方案二主要技术条件见表 7-1。

表 7-1　典型方案二主要技术条件

编号	项目名称	工程特征	备注
一	站址基本条件		
	围岩类别	地下厂房洞室围岩以Ⅱ类为主	
	岩性	新鲜白岗花岗岩	
	地下水类型	基岩裂隙水	
二	土建尺寸		
	主厂房洞	开挖尺寸 151.00m×24.00m×53.40m（长×宽×高）。机组段总长 91.5m；安装间长 35.50m，主副厂房长 24.00m	Ⅱ类围岩
	主变压器洞	开挖尺寸 115.40m×20.00m×23.60m（长×宽×高）	Ⅱ类围岩
	母线洞	净断面 39m×8.2m×9.0m（长×宽×高）	
	500kV 电缆出线洞	净断面 584m×4.0m×5.0m（长×宽×高），城门洞型	Ⅱ类围岩
	排水廊道	净断面 1610m×2.5m×3.00m（长×宽×高）	
	开关站	地面开关站，平面尺寸 110m×74m（长×宽），户外 500kV GIS	

7.2　项目组成处理

根据地下厂房通用设计项目划分，本典型方案项目组成包括主厂房、主副厂房、安装场、主变压器洞、尾闸洞、母线洞、交通电缆洞、500kV 电缆出线洞、进厂交通洞、通风兼安全洞、排水廊道（上、中、下层）、集水井、尾闸交通洞、主变压器通风洞、排风竖井、尾闸通风洞、500kV 电缆出线竖井、主变压器交通洞、开关站等。

为了和国网新源公司管理要求、行业标准《水电工程设计概算编制规定（2013 年版）》项目划分和可研阶段设计出项习惯保持一致，对典型方案项目进行适当归类和合并。将尾闸洞、集水井归入输水系统，计入通用造价输水系统分册；将进厂交通洞、通风兼安全洞、主变压器交通洞计入通用造价筹建期工程分册；将主厂房、主副厂房、安装场合并为主厂房洞。

归类和合并后，本典型方案项目组成包括主厂房洞、主变压器洞、母线洞、交通电缆洞、500kV 电缆出线洞、排水廊道（上、中、下层）、主变排烟竖井、500kV 电缆出线竖井、开关站等。

7.3　方案造价

根据地下厂房通用设计典型方案二代表工程的可研阶段设计工程量和第 4 章中拟定条件计算的工程单价编制地下厂房典型方案二通用造价。典型方案二通用造价见表 7-2。

表 7-2　　典型方案二通用造价

编号	工程或费用名称	单位	数量	单价（元）	合计（万元）
一	地下发电厂房工程				12065.91
1	发电基础工程				3574.77
	石方洞挖	m^3	173200.00	104.93	1817.39
	橡胶止水	m	500.00	166.29	8.31
	钢筋	t	27.00	6429.16	17.36
	喷混凝土 10cm	m^3	1100.00	971.50	106.86
	钢纤维喷混凝土 20cm	m^3	2200.00	1553.91	341.86
	锚杆 $\phi36$ $L=9$	根	1640.00	1263.32	207.18
	锚杆 $\phi32$ $L=7.5$	根	820.00	978.29	80.22
	锚杆 $\phi28$ $L=12$	根	200.00	1571.79	31.44
	锚杆 $\phi25$ $L=7$m	根	1800.00	785.03	141.31
	锚杆 $\phi25$ $L=5$m	根	1700.00	293.85	49.95
	锚杆 $\phi22$ $L=5$m	根	3000.00	265.27	79.58
	锚杆 $\phi22$ $L=3$m	根	2985.00	151.61	45.26
	锚杆 $\phi20$ $L=2.5$m	根	1060.00	118.24	12.53
	锚索 $T=1000$kN $L=20$m	根	20.00	19109.10	38.22
	固结灌浆钻孔	m	2000.00	28.07	5.61
	固结灌浆	t	92.00	4338.42	39.91
	回填灌浆	m^2	9000.00	106.37	95.73
	排水孔 孔深 5m	m	4000.00	26.81	10.72
	排水管	m	8500.00	30.00	25.50
	焊接钢管	t	38.00	7500.00	28.50
	铝合金板	t	40.00	40000.00	160.00
	彩钢压型板	m^2	3829.00	300.00	114.87
	复合土工膜	m^2	6000.00	36.00	21.60
	钢结构	t	115.00	7500.00	86.25
	细部结构	m^3	3300.00	26.09	8.61
2	发电厂房工程				6971.46
	结构混凝土 C25 二级配	m^2	25800.00	824.29	2126.67
	钢筋	t	4128.00	6429.16	2653.96
	砖墙	m^3	3000.00	500.00	150.00
	装修工程	m^2	16446.00	1200.00	1973.52
	细部结构	m^3	25800.00	26.09	67.31
3	排水廊道工程				1098.58

续表

编号	工程或费用名称	单位	数量	单价（元）	合计（万元）
	石方洞挖	m^3	15000.00	268.91	403.36
	喷混凝土 10cm	m^3	1200.00	971.50	116.58
	排水孔 孔深 40～45m	m	24000.00	240.25	576.60
	细部结构	m^3	1200.00	17.00	2.04
4	排风竖井工程				421.10
	石方洞挖	m^3	10700.00	253.38	271.12
	挂网钢筋	t	12.00	6429.16	7.71
	喷混凝土 10cm	m^3	1000.00	971.50	97.15
	锚杆 $\phi22$ $L=4$m	根	2200.00	192.79	42.41
	细部结构	m^3	1000.00	27.10	2.71
二	升压变电工程				6330.10
1	主变压器室工程				3128.48
	石方洞挖	m^3	69500.00	100.16	696.11
	结构混凝土 C25 二级配	m^3	7700.00	754.01	580.59
	钢筋	t	1085.00	6429.16	697.56
	喷混凝土 10cm	m^3	500.00	971.50	48.58
	喷钢纤维混凝土 20cm	m^3	500.00	1553.91	77.70
	锚杆 $\phi25$ $L=7$m	根	700.00	785.03	54.95
	锚杆 $\phi25$ $L=5$m	根	602.00	293.85	17.69
	锚杆 $\phi22$ $L=5$m	根	900.00	265.27	23.87
	锚杆 $\phi22$ $L=3$m	根	883.00	151.61	13.39
	排水孔 孔深 3m	m	1700.00	26.81	4.56
	排水管	m	3000.00	30.00	9.00
	钢结构	t	142.00	7500.00	106.50
	铝合金板	t	27.00	40000.00	108.00
	彩钢压型板	t	21.00	300.00	0.63
	砖墙	m^3	1300.00	500.00	65.00
	装修工程	m^2	8595.00	700.00	601.65
	细部结构	m^3	8700.00	26.09	22.70
2	母线洞工程				694.14
	石方洞挖	m^3	14600.00	119.92	175.08
	衬砌混凝土 C25 二级配	m^3	2700.00	715.49	193.18
	钢筋	t	288.00	6429.16	185.16
	喷混凝土 10cm	m^3	900.00	971.50	87.44

续表

编号	工程或费用名称	单位	数量	单价（元）	合计（万元）
	锚杆 $\phi25$ $L=5$m	根	280.00	279.04	7.81
	锚杆 $\phi22$ $L=5$m	根	700.00	250.46	17.53
	锚杆 $\phi22$ $L=3$m	根	700.00	144.56	10.12
	排水孔 孔深 3m	m	200.00	26.81	0.54
	排水管	m	2200.00	30.00	6.60
	钢结构	t	6.00	7500.00	4.50
	结构装饰	m^2	1.00	600.00	0.06
	细部结构	m^3	3600.00	17.00	6.12
3	出线平洞工程				759.94
	石方明挖	m^3	1500.00	37.90	5.68
	石方洞挖	m^3	13300.00	178.25	237.07
	衬砌混凝土 C25 二级配	m^3	2900.00	820.30	237.89
	钢筋	t	192.00	6429.16	123.44
	喷混凝土 10cm	m^3	1100.00	971.50	106.86

续表

编号	工程或费用名称	单位	数量	单价（元）	合计（万元）
	锚杆 $\phi20$ $L=2.6$m	根	2646.00	111.90	29.61
	排水孔 孔深 3m	m	1900.00	26.81	5.09
	钢材	t	10.00	7500.00	7.50
	细部结构	m^3	4000.00	17.00	6.80
4	地面开关站工程				1747.54
	土方开挖	m^3	20900.00	14.57	30.45
	石方明挖	m^3	44600.00	37.90	169.03
	土方回填	m^3	10000.00	11.37	11.37
	浆砌石	m^3	10000.00	279.18	279.18
	结构混凝土 C25 二级配	m^3	3700.00	599.52	221.82
	钢筋	t	134.00	6289.23	84.28
	钢结构	t	155.00	7500.00	116.25
	砖墙	m^3	400.00	500.00	20.00
	地面开关站	m^3	3200.00	2500.00	800.00
	细部结构	m^3	3700.00	40.98	15.16

第 8 章 典型方案三

8.1 主要技术条件

本典型方案对应《国家电网公司抽水蓄能电站工程通用设计　地下厂房分册》中典型设计的方案三。本典型方案为电站装设 4 台单机容量 300MW 的单级立轴混流可逆式水泵水轮机组和发电电动机组，额定转速 500r/min，水头范围在 565.1～637.3m；主厂房洞、主变压器洞、尾闸洞三大洞室平行布置；安装场与主副厂房布置于主机间两端；进厂交通洞采用沿厂房纵轴进入（端部进厂），通风兼安全洞从主副厂房端部进入厂房；引水系统与厂房纵轴线夹角为 65°～90°。典型方案三主要技术条件见表 8-1。

表 8-1　　典型方案三主要技术条件

编号	项目名称	工程特征	备注
一	站址基本条件		
	围岩类别	地下厂房洞室围岩以Ⅱ～Ⅲ类为主	
	岩性	新鲜花岗岩	
	地下水类型	基岩裂隙水	
二	土建尺寸		
	主厂房洞	开挖尺寸 152.20m × 24.70m × 53.20m（长×宽×高）。机组段总长 91.45m，机组间距为 22.0m；安装间长 40.75m，主副厂房长 20.00m	Ⅱ类围岩占 84%，Ⅲ类围岩占 10%，Ⅳ～Ⅴ类围岩占 6%
	主变压器洞	开挖尺寸 126.26m × 20.00m × 21.30m（长×宽×高）	Ⅱ类围岩占 82%，Ⅲ类围岩占 14%，Ⅳ～Ⅴ类围岩占 4%
	母线洞	净断面 40m×8.0m×10.0m（长×宽×高）	Ⅱ类围岩占 85%，Ⅲ类围岩占 13%，Ⅳ～Ⅴ类围岩占 2%

续表

编号	项目名称	工程特征	备注
	500kV电缆出线洞	平洞净断面633.4m×7.5m×6.2m（长×宽×高），城门洞形；竖井高110m，垂直布置在主变压器洞顶部，采用长方形，断面净空尺寸为5.80m×8.70m（宽×长）	
	排水廊道	净断面2239.4m×3.0m×3.30m（长×宽×高）	
	排水洞	自流排水洞全长约4700m，城门洞形断面，净空尺寸3.2m×3m（3.5m）	
	排风洞	兼主厂房上部第Ⅰ、Ⅱ层的施工支洞和主变压器洞顶拱开挖第Ⅰ层的施工支洞，平洞净断面950m×6.0m×6.5m（长×宽×高），竖井无	
	消防通道工程	净断面40m×6.5m×7.5m（长×宽×高）	
	开关站	地面开关站，开关楼平面尺寸56.25m×16m（长×宽），出线平台平面尺寸72.26m×45.80m（长×宽），户外500kV GIS	

8.2 项目组成处理

根据地下厂房通用设计项目划分，本典型方案项目组成包括主厂房、主副厂房、安装场、主变压器洞、尾闸洞、母线洞、交通电缆洞、500kV电缆出线洞、进厂交通洞、通风兼安全洞、排水廊道（上、中、下层）、集水井、尾闸交通洞、主变压器通风洞、排风竖井、尾闸通风洞、500kV电缆出线竖井、主变压器交通洞、开关站等。

为了和国网新源公司管理要求、行业标准《水电工程设计概算编制规定（2013年版）》项目划分和可研阶段设计出项习惯保持一致，对典型方案项目进行适当归类和合并。将尾闸洞、集水井归入输水系统，计入通用造价输水系统分册；将进厂交通洞、通风兼安全洞、主变压器交通洞计入通用造价筹建期工程分册；将主厂房、主副厂房、安装场合并为主厂房洞。

归类和合并后，本典型方案项目组成包括主厂房洞、主变压器洞、母线洞、交通电缆洞、500kV电缆出线洞、排水廊道（上、中、下层）、主变压器排烟竖井、500kV电缆出线竖井、开关站等。

8.3 方案造价

根据地下厂房通用设计典型方案三代表工程的可研阶段设计工程量和第4章中拟定条件计算的工程单价编制地下厂房典型方案三通用造价。典型方案三通用造价见表8-2。

表8-2　　典型方案三通用造价

编号	工程或费用名称	单位	数量	单价（元）	合计（万元）
一	地下发电厂房工程				20943.07
1	发电基础工程				10805.76
	石方洞挖	m^3	184752.80	104.93	1938.61
	结构混凝土C25二级配	m^3	27888.00	636.69	1775.60
	下部混凝土C20	m^3	16513.40	593.80	980.57
	钢筋	t	5227.30	6429.16	3360.71
	喷混凝土10cm	m^3	645.70	971.50	62.73
	钢纤维喷混凝土	m^3	2327.60	1553.91	361.69
	锚杆 $\phi32$ $L=11m$	根	832.00	1529.68	127.27
	锚杆 $\phi32$ $L=9m$	根	1295.00	1215.52	157.41
	锚杆 $\phi32$ $L=8m$	根	3830.00	1054.20	403.76
	锚杆 $\phi25$ $L=7m$	根	3984.00	785.03	312.76
	锚杆 $\phi25$ $L=5m$	根	2192.00	293.85	64.41
	锚杆 $\phi25$ $L=4.5m$	根	2225.00	259.04	57.64
	锚杆 $\phi25$ $L=3.5m$	根	428.00	196.61	8.41
	锚索 $T=2000kN$ $L=20m$	束	215.00	26550.67	570.84
	固结灌浆钻孔	m	2750.00	28.07	7.72
	固结灌浆	t	192.50	4338.42	83.51
	回填灌浆	m^2	533.40	106.37	5.67
	接触灌浆	m^2	990.00	110.88	10.98
	排水孔 孔深5m	m	4576.00	26.81	12.27
	彩钢压型板	t	3970.60	300.00	119.12
	钢结构	t	347.30	7500.00	260.48
	细部结构	m^3	47374.70	26.09	123.60

续表

编号	工程或费用名称	单位	数量	单价（元）	合计（万元）
2	发电厂房工程				1734.15
	结构混凝土 C25 二级配	m^2	5280.70	824.29	435.28
	钢筋	t	518.10	6429.16	333.09
	装修工程	m^2	7933.33	1200.00	952.00
	细部结构	m^3	5280.70	26.09	13.78
3	排水廊道工程				1791.66
	石方洞挖	m^3	23010.80	268.91	618.78
	衬砌混凝土 C25 二级配	m^3	1625.40	824.76	134.06
	路面混凝土 C30 二级配	m^3	1385.00	604.32	83.70
	钢筋网	t	159.70	6429.16	102.67
	喷混凝土 10cm	m^3	1039.10	971.50	100.95
	锚杆 $\phi22$ $L=3m$	根	2771.00	144.56	40.06
	排水孔 孔深 20～45m	m	29326.00	240.25	704.56
	细部结构	m^3	4049.50	17.00	6.88
4	排风竖井工程				1372.46
	石方洞挖	m^3	16315.20	253.38	413.39
	衬砌混凝土 C25 二级配	m^3	5376.60	777.43	417.99
	钢筋	t	752.70	6429.16	483.92
	锚杆 $\phi22$ $L=3m$	根	2946.00	144.56	42.59
	细部结构	m^3	5376.60	27.10	14.57
5	排风平洞				2390.14
	土方开挖	m^3	8180.60	15.60	12.76
	石方明挖	m^3	19086.90	42.63	81.37
	石方洞挖	m^3	50787.50	185.48	942.01
	衬砌混凝土 C25 二级配	m^3	4814.30	913.86	439.96
	路面混凝土 C30 二级配	m^3	2255.40	644.87	145.44
	钢筋	t	661.20	6429.16	425.10
	喷混凝土 10cm	m^3	1661.00	971.50	161.37
	锚杆 $\phi22$ $L=3m$	根	9225.00	144.56	133.36
	回填灌浆	m^2	2854.50	106.37	30.36
	排水孔 孔深 3m	m	1331.00	26.81	3.57
	细部结构	m^3	8730.70	17.00	14.84
6	排水洞工程				2685.17

续表

编号	工程或费用名称	单位	数量	单价（元）	合计（万元）
	石方洞挖	m^3	53182.50	268.91	1430.13
	路面混凝土 C30 二级配	m^3	4646.30	604.32	280.79
	钢筋制作安装	t	163.80	6429.16	105.31
	喷混凝土 10cm	m^3	2425.50	971.50	235.64
	锚杆 $\phi22$ $L=2.5m$	根	7700.00	120.43	92.73
	排水孔 孔深 20～30m	m	22000.00	240.25	528.55
	细部结构	m^3	7071.80	17.00	12.02
7	消防通道工程				163.73
	石方洞挖	m^3	2444.40	117.47	28.71
	衬砌混凝土	m^3	640.50	794.25	50.87
	底板混凝土	m^3	124.30	578.53	7.19
	喷混凝土 10cm	m^3	112.20	971.50	10.90
	钢筋制作安装	t	75.40	6429.16	48.48
	锚杆 $\phi22$ $L=3m$	根	395.00	144.56	5.71
	回填灌浆	m^2	975.70	106.37	10.38
	细部结构工程	m^3	877.00	17.00	1.49
二	升压变电工程				14121.08
1	主变压器室工程				2773.23
	石方洞挖	m^3	63060.10	100.16	631.61
	结构混凝土 C25 二级配	m^3	8281.20	754.01	624.41
	钢筋	t	1043.40	6429.16	670.82
	喷混凝土 10cm	m^3	40.80	971.50	3.96
	喷钢纤维混凝土 20cm	m^3	1429.80	1553.91	222.18
	锚杆 $\phi25$ $L=7m$	根	1836.00	785.03	144.13
	锚杆 $\phi25$ $L=5m$	根	2405.00	293.85	70.67
	锚杆 $\phi22$ $L=3.5m$	根	567.00	176.44	10.00
	锚索 $T=2000kN$ $L=20m$	束	44.00	26550.67	116.82
	排水孔 孔深 3m	m	2508.00	26.81	6.72
	钢结构	t	19.50	7500.00	14.62
	彩钢压型板	t	3394.90	300.00	101.85
	装修工程	m^2	1857.14	700.00	130.00
	细部结构	m^3	9751.80	26.09	25.44
2	母线洞工程				897.53

续表

编号	工程或费用名称	单位	数量	单价（元）	合计（万元）
	石方洞挖	m^3	17425.80	119.92	208.97
	衬砌混凝土 C25 二级配	m^3	2810.20	715.49	201.07
	路面混凝土 C30 二级配	m^3	378.00	644.87	24.38
	钢筋	t	385.90	6429.16	248.10
	喷混凝土 10cm	m^3	147.00	971.50	14.28
	锚杆 ϕ25 L=7m	根	334.00	785.03	26.22
	锚杆 ϕ25 L=4.5m	根	3062.00	247.40	75.75
	回填灌浆	m^2	1762.20	106.37	18.74
	钢结构	t	13.80	7500.00	10.35
	结构装饰	m^2	1066.67	600.00	64.00
	细部结构	m^3	3335.20	17.00	5.67
3	出线平洞工程				2602.12
	石方洞挖	m^3	40031.00	178.25	713.55
	衬砌混凝土 C25 二级配	m^3	7226.10	820.30	592.76
	路面混凝土 C30 二级配	m^3	1737.80	625.64	108.72
	排水沟混凝土 C15 二级配	m^3	1434.30	559.93	80.31
	钢筋	t	1019.70	6429.16	655.58
	喷混凝土 10cm	m^3	1292.50	971.50	125.57
	锚杆 ϕ25 L=5m	根	7186.00	279.04	200.52
	回填灌浆	m^2	8888.00	106.37	94.54
	排水孔 孔深 3m	m	3990.00	26.81	10.70
	细部结构	m^3	11690.70	17.00	19.87
4	出线竖井工程				1009.06
	石方洞挖	m^3	11892.30	195.47	232.46
	结构混凝土 C25 二级配	m^3	1837.50	599.52	110.16
	衬砌混凝土 C25 二级配	m^3	2283.80	681.29	155.59
	钢筋	t	569.60	6429.16	366.20
	喷混凝土 10cm	m^3	1010.90	971.50	98.21
	锚杆 ϕ22 L=3m	根	2250.00	144.56	32.53
	细部结构	m^3	5132.20	27.10	13.91
5	地面开关站工程				6839.14
	土方开挖	m^3	115642.80	14.57	168.49
	石方明挖	m^3	462582.80	37.90	1753.19
	土方回填	m^3	18900.00	11.37	21.49
	浆砌石	m^3	593.00	279.18	16.56
	结构混凝土 C25 二级配	m^3	8725.50	599.52	523.11
	路面混凝土 C30 二级配	m^3	2402.40	668.19	160.53
	块石混凝土 C15	m^3	1912.00	318.55	60.91
	护壁混凝土 C20	m^3	4368.00	683.91	298.73
	钢筋	t	1540.90	6289.23	969.11
	挂网钢筋	t	15.00	6289.23	9.43
	喷混凝土 10cm	m^3	1099.60	909.32	99.99
	锚杆 ϕ28 L=7m	根	1634.00	720.04	117.65
	锚杆 ϕ25 L=4.5m	根	1634.00	198.98	32.51
	锚索 T=2000kN L=40m	束	296.00	46940.67	1389.44
	排水孔 孔深 12m	m	5082.00	48.52	24.66
	钢结构	t	40.00	7500.00	30.00
	地面开关站	m^2	4350.00	2500.00	1087.50
	细部结构	m^3	18507.50	40.98	75.84

第 9 章　典 型 方 案 四

9.1　主要技术条件

本典型方案对应《国家电网公司抽水蓄能电站工程通用设计　地下厂房分册》中典型设计的方案四。本典型方案为电站装设 6 台单机容量 300MW 的单级立轴混流可逆式水泵水轮机组和发电电动机组，额定转速 428.6r/min，水头范围在 385.9～458.9m；主厂房洞、主变压器洞、尾闸洞三大洞室平行布置；安装场与主副厂房布置于主机间两端；进厂交通洞采用沿厂房纵轴进入（端部进厂），通风兼安全洞从主副厂房端部进入厂房。典型方案四主要技术条件见表 9-1。

表 9-1　　典型方案四主要技术条件

编号	项目名称	工程特征	备注
一	站址基本条件		
	围岩类别	地下厂房洞室围岩以Ⅲ类为主	
	岩性	微新中粗粒花岗岩	
	地下水类型	基岩裂隙水	
二	土建尺寸		
	主厂房洞	开挖尺寸 207.00m×25.00m×53.00m（长×宽×高）。机组段总长 150m，机组间距为 23.50m；安装间长 40.00m，主副厂房长 17.00m	Ⅲa 类围岩为主 局部Ⅲb 和Ⅲc 断层出露部位Ⅳ类
	主变压器洞	开挖尺寸 204.90m×20.90m×21.50m（长×宽×高）	Ⅲa 类围岩为主
	母线洞	断面为圆拱直墙型，净断面 40m×8.5m×11.0m（长×宽×高）	
	500kV 电缆出线洞	平洞净断面 478m×4.0m×5.0m（长×宽×高），城门洞形，竖井净断面为圆形，长 225m，开挖直径为 10.0m	Ⅲb 类围岩为主 断层和裂隙密集带部位为Ⅳ类
	排水廊道	净断面 3.0m×4.0m（宽×高）	
	排风洞	平洞净断面 148m×3.0m×4.0m（长×宽×高），竖井净断面为圆形，长 275.5m，内部直径为 8m	
	开关站	地面开关站，平台尺寸为 140.0m×60.0m（长×宽），户内 500kV GIS	

9.2　项目组成处理

根据地下厂房通用设计项目划分，本典型方案项目组成包括主厂房、主副厂房、安装场、主变压器洞、尾闸洞、母线洞、交通电缆洞、500kV 电缆出线洞、进厂交通洞、通风兼安全洞、排水廊道（上、中、下层）、集水井、尾闸交通洞、主变压器通风洞、排风竖井、尾闸通风洞、500kV 电缆出线竖井、主变压器交通洞、开关站等。

为了和国网新源公司管理要求、行业标准《水电工程设计概算编制规定（2013 年版）》项目划分和可研阶段设计出项习惯保持一致，对典型方案项目进行适当归类和合并。将尾闸洞、集水井归入输水系统，计入通用造价输水系统分册；将进厂交通洞、通风兼安全洞、主变交通洞计入通用造价筹建期工程分册；将主厂房、主副厂房、安装场合并为主厂房洞。

归类和合并后，本典型方案项目组成包括主厂房洞、主变压器洞、母线洞、交通电缆洞、500kV 电缆出线洞、排水廊道（上、中、下层）、主变排烟竖井、500kV 电缆出线竖井、开关站等。

9.3　方案造价

根据地下厂房通用设计典型方案四代表工程的可研阶段设计工程量和第 4 章中拟定条件计算的工程单价编制地下厂房典型方案四通用造价。典型方案四通用造价见表 9-2。

表 9-2　　典型方案四通用造价

编号	工程或费用名称	单位	数量	单价（元）	合计（万元）
一	地下发电厂房工程				20915.79
1	发电基础工程				14007.14
	石方洞挖	m^3	247837.00	104.93	2600.55
	结构混凝土 C25 二级配	m^3	28792.00	636.69	1833.16
	下部混凝土 C20	m^3	40932.00	593.80	2430.54
	断层处理混凝土 C20	m^3	525.00	527.35	27.69
	橡胶止水	m	2200.00	166.29	36.58
	钢筋	t	4348.00	6429.16	2795.40
	喷混凝土 10cm	m^3	4586.00	971.50	445.53
	锚杆 $\phi36$ $L=8m$	根	1046.00	1096.67	114.71
	锚杆 $\phi28$ $L=8m$	根	515.00	977.02	50.32
	锚杆 $\phi28$ $L=6m$	根	13849.00	402.02	556.76
	锚杆 $\phi25$ $L=5m$	根	4120.00	293.85	121.07
	锚杆 $\phi22$ $L=5m$	根	1030.00	265.27	27.32
	锚索 $T=1000kN$ $L=20m$	根	382.00	19109.10	729.97
	固结灌浆钻孔	m	440.00	28.07	1.24
	固结灌浆	t	22.00	4338.42	9.54
	回填灌浆	m^2	550.00	106.37	5.85
	接触灌浆	m^2	528.00	110.88	5.85

续表

编号	工程或费用名称	单位	数量	单价（元）	合计（万元）
	排水孔 孔深5m	m	8006.00	26.81	21.46
	排水管	m	8646.00	30.00	25.94
	钢结构	t	105.00	7500.00	78.75
	厂房装修	m^2	15850.00	1200.00	1902.00
	细部结构	m^3	71639.00	26.09	186.91
2	发电厂房工程				3129.14
	结构混凝土 C25 二级配	m^2	13912.00	824.29	1146.75
	钢筋	t	1240.00	6429.16	797.22
	砖墙	m^3	7898.00	500.00	394.90
	装修工程	m^2	6225.00	1200.00	747.00
	细部结构	m^3	16583.00	26.09	43.27
3	排水廊道工程				2041.52
	石方洞挖	m^3	32465.00	268.91	873.02
	衬砌混凝土 C25 二级配	m^3	3038.00	824.76	250.56
	止水	m	337.00	166.29	5.60
	钢筋	t	179.00	6429.16	115.08
	钢筋网	t	67.00	6429.16	43.08
	喷混凝土 10cm	m^3	1727.00	971.50	167.78
	锚杆 $\phi20$ $L=2m$	根	11768.00	89.44	105.25
	回填灌浆	m^2	1241.00	106.37	13.20
	排水孔 孔深20～45m	m	18575.00	240.25	446.26
	排水孔 孔深3m	m	3675.00	26.81	9.85
	排水管	m	246.00	30.00	0.74
	钢材	t	4.00	7500.00	3.00
	细部结构	m^3	4765.00	17.00	8.10
4	低压电缆洞工程				78.46
	石方洞挖	m^3	967.00	190.24	18.40
	衬砌混凝土 C25 二级配	m^3	330.00	941.77	31.08
	橡胶止水	m	81.00	166.29	1.35
	钢筋	t	19.00	6429.16	12.22
	挂网钢筋	t	2.00	6429.16	1.29
	喷混凝土 10cm	m^3	63.00	971.50	6.12
	锚杆 $\phi20$ $L=2.5m$	根	398.00	111.90	4.45

续表

编号	工程或费用名称	单位	数量	单价（元）	合计（万元）
	回填灌浆	m^2	198.00	106.37	2.11
	排水孔 孔深3m	m	125.00	26.81	0.34
	排水管	m	143.00	30.00	0.43
	细部结构	m^3	393.00	17.00	0.67
5	排风竖井工程				1029.95
	石方洞挖	m^3	18054.00	253.38	457.45
	衬砌混凝土 C25 二级配	m^3	3097.00	777.43	240.77
	钢筋	t	182.00	6429.16	117.01
	挂网钢筋	t	32.00	6429.16	20.57
	喷混凝土 10cm	m^3	827.00	971.50	80.34
	锚杆 $\phi28$ $L=8m$	根	52.00	977.02	5.08
	锚杆 $\phi25$ $L=4.5m$	根	206.00	247.40	5.10
	锚杆 $\phi22$ $L=4.5m$	根	206.00	221.62	4.57
	锚杆 $\phi20$ $L=4m$	根	3605.00	179.29	64.63
	固结灌浆钻孔	m	330.00	28.07	0.93
	固结灌浆	t	17.00	4338.42	7.38
	排水孔 孔深3m	m	2888.00	26.81	7.74
	排水管	m	2566.00	30.00	7.70
	细部结构	m^3	3942.00	27.10	10.68
6	排风平洞				286.64
	石方洞挖	m^3	5272.00	185.48	97.79
	衬砌混凝土 C25 二级配	m^3	917.00	913.86	83.80
	橡胶止水	m	226.00	166.29	3.76
	钢筋	t	54.00	6429.16	34.72
	钢筋网	t	11.00	6429.16	7.07
	喷混凝土 10cm	m^3	275.00	971.50	26.72
	锚杆 $\phi20$ $L=2.5m$	根	1727.00	111.90	19.33
	回填灌浆	m^2	774.00	106.37	8.23
	排水孔 孔深3m	m	540.00	26.81	1.45
	排水管	m	581.00	30.00	1.74
	细部结构	m^3	1192.00	17.00	2.03
7	排风机房平台工程				317.43
	土石方回填	m^3	2040.00	11.37	2.32

续表

编号	工程或费用名称	单位	数量	单价（元）	合计（万元）
	土方开挖	m^3	4298.00	15.60	6.70
	石方明挖	m^3	21489.00	41.42	89.01
	浆砌石	m^3	1422.00	276.79	39.36
	结构混凝土 C25 二级配	m^3	315.00	1283.56	40.43
	钢筋	t	12.00	6289.23	7.55
	钢筋网	t	20.00	6289.23	12.58
	喷混凝土 10cm	m^3	504.00	909.32	45.83
	锚杆 $\phi22$ $L=3$m	根	2196.00	114.04	25.04
	锚索 $T=1000$kN $L=20$m	束	10.00	19063.67	19.06
	排水孔 孔深 3m	m	1759.00	19.86	3.49
	PVC 排水管	m	235.00	30.00	0.70
	砖墙	m^3	440.00	500.00	22.00
	细部结构	m^3	819.00	40.98	3.36
8	污水处理廊道工程				25.51
	石方洞挖	m^3	318.00	268.91	8.55
	混凝土	m^3	113.00	604.32	6.83
	钢筋	t	7.00	6429.16	4.50
	钢筋网	t	1.00	6429.16	0.64
	喷混凝土 10cm	m^3	26.00	971.50	2.53
	锚杆 $\phi20$ $L=2.5$m	根	165.00	111.90	1.85
	排水孔 孔深 3m	m	51.00	26.81	0.14
	排水管	m	78.00	30.00	0.23
	细部结构	m^3	139.00	17.00	0.24
二	升压变电工程				11930.00
1	主变压器室工程				5507.67
	石方洞挖	m^3	98245.00	100.16	984.02
	结构混凝土 C25 二级配	m^3	10113.00	754.01	762.53
	橡胶止水	m	108.00	166.29	1.80
	钢筋	t	1079.00	6429.16	693.71
	喷混凝土 10cm	m^3	2166.00	971.50	210.43
	锚杆 $\phi25$ $L=6$m	根	6295.00	363.46	228.80
	锚杆 $\phi25$ $L=5$m	根	1030.00	293.85	30.27
	锚杆 $\phi22$ $L=5$m	根	1030.00	265.27	27.32

续表

编号	工程或费用名称	单位	数量	单价（元）	合计（万元）
	锚杆 $\phi20$ $L=2.5$m	根	527.00	118.24	6.23
	锚索 $T=1000$kN $L=20$m	束	363.00	19109.10	693.66
	回填灌浆	m^2	352.00	106.37	3.74
	排水孔 孔深 3m	m	3781.00	26.81	10.14
	排水管	m	4146.00	30.00	12.44
	钢结构	t	63.00	7500.00	47.25
	砖墙	m^3	17280.00	500.00	864.00
	装修工程	m^2	12847.00	700.00	899.29
	细部结构	m^3	12279.00	26.09	32.04
2	母线洞工程				932.23
	石方洞挖	m^3	26194.00	119.92	314.12
	衬砌混凝土 C25 二级配	m^3	3560.00	715.49	254.71
	橡胶止水	m	1010.00	166.29	16.80
	钢筋	t	210.00	6429.16	135.01
	钢筋网	t	30.00	6429.16	19.29
	喷混凝土 10cm	m^3	779.00	971.50	75.68
	锚杆 $\phi20$ $L=2.5$m	根	4889.00	111.90	54.71
	回填灌浆	m^2	2878.00	106.37	30.61
	排水孔 孔深 3m	m	1530.00	26.81	4.10
	排水管	m	3356.00	30.00	10.07
	钢结构	t	13.00	7500.00	9.75
	细部结构	m^3	4339.00	17.00	7.38
3	出线平洞工程				1026.66
	石方洞挖	m^3	16975.00	178.25	302.58
	衬砌混凝土 C25 二级配	m^3	3950.00	820.30	324.02
	橡胶止水	m	915.00	166.29	15.22
	钢筋	t	232.00	6429.16	149.16
	钢筋网	t	35.00	6429.16	22.50
	喷混凝土 10cm	m^3	892.00	971.50	86.66
	锚杆 $\phi22$ $L=4$m	根	206.00	192.79	3.97
	锚杆 $\phi20$ $L=2.6$m	根	5602.00	111.90	62.69
	回填灌浆	m^2	3135.00	106.37	33.35
	排水孔 孔深 3m	m	1753.00	26.81	4.70

续表

编号	工程或费用名称	单位	数量	单价（元）	合计（万元）
	排水管	m	1778.00	30.00	5.33
	钢材	t	11.00	7500.00	8.25
	细部结构	m^3	4842.00	17.00	8.23
4	出线竖井工程				1088.92
	石方洞挖	m^3	18016.00	195.47	352.16
	衬砌混凝土 C25 二级配	m^3	2788.00	681.29	189.94
	预制混凝土	m^3	1503.00	924.15	138.90
	钢筋	t	282.00	6429.16	181.30
	钢筋网	t	29.00	6429.16	18.64
	喷混凝土 10cm	m^3	742.00	971.50	72.09
	锚杆 $\phi28$ $L=8m$	根	52.00	977.02	5.08
	锚杆 $\phi25$ $L=4.5m$	根	206.00	247.40	5.10
	锚杆 $\phi22$ $L=4.5m$	根	206.00	221.62	4.57
	锚杆 $\phi20$ $L=4m$	根	3234.00	179.29	57.98
	固结灌浆钻孔	m	330.00	28.07	0.93
	固结灌浆	t	17.00	4338.42	7.38
	排水孔 孔深 3m	m	2591.00	26.81	6.95
	排水管	m	2276.00	30.00	6.83
	钢结构	t	42.00	7500.00	31.50
	细部结构	m^3	3530.00	27.10	9.57

续表

编号	工程或费用名称	单位	数量	单价（元）	合计（万元）
5	地面开关站工程				3374.52
	土方开挖	m^3	31149.00	14.57	45.38
	石方明挖	m^3	155747.00	37.90	590.28
	土方回填	m^3	19506.00	11.37	22.18
	浆砌石	m^3	4295.00	279.18	119.91
	结构混凝土 C25 二级配	m^3	3675.00	599.52	220.32
	路面混凝土 C30 二级配	m^3	2117.00	668.19	141.46
	混凝土挡墙	m^3	4174.00	740.61	309.13
	钢筋	t	138.00	6289.23	86.79
	挂网钢筋	t	57.00	6289.23	35.85
	喷混凝土 10cm	m^3	1462.00	909.32	132.94
	锚杆 $\phi22$ $L=3m$	根	6376.00	114.04	72.71
	预应力锚杆	根	1030.00	3119.04	321.26
	锚索 $T=1000kN$ $L=20m$	束	52.00	19063.67	99.13
	排水孔 孔深 3m	m	5105.00	19.86	10.14
	PVC 排水管	m	681.00	30.00	2.04
	钢结构	t	63.00	7500.00	47.25
	砖墙	m^3	264.00	500.00	13.20
	被动防护网	m^2	305.00	650.00	19.82
	地面开关站	m^2	4220.00	2500.00	1055.00
	细部结构	m^3	7254.00	40.98	29.73

第 10 章　典型方案五

10.1　主要技术条件

本典型方案对应《国家电网公司抽水蓄能电站工程通用设计　地下厂房分册》中典型设计的方案五。本典型方案为电站装设 6 台单机容量 300MW 的单级立轴混流可逆式水泵水轮机组和发电电动机组，额定转速 500r/min，水头范围在 550.0～650.0m；主厂房洞、主变压器洞、尾闸洞三大洞室平行布置；安装场与主副厂房布置于主机间两端；进厂交通洞采用沿厂房纵轴进入（端部进厂），通风兼安全洞从主副厂房端部进入厂房，引水系统与厂房纵轴线夹角为 65°～90°。典型方案五主要技术条件见表 10-1。

表 10-1　　典型方案五主要技术条件

编号	项目名称	工程特征	备注
一	站址基本条件		
	围岩类别	地下厂房洞室定围岩以Ⅲ类为主	
	岩性	新鲜（似）斑状花岗岩	
	地下水类型	基岩裂隙水	
二	土建尺寸		
	主厂房洞	开挖尺寸 208.00m × 23.50m × 53.40m（长×宽×高）。机组段总长 146m，安装间长 43.00m，主副厂房长 19.00m	Ⅲ类围岩为主 局部为Ⅳ类 断层破碎带为Ⅳ～Ⅴ类
	主变压器洞	开挖尺寸 222.00m × 19.00m × 22.15m（长×宽×高）	
	母线洞	净断面 40m×9.4m×9.0m（长×宽×高），长度共 160m	
	500kV 电缆出线洞	平洞净断面 306m×6.8m×7.5m（长×宽×高），城门洞形，竖井净断面为圆形，长 90m，内部直径为 11m	
	排水廊道	净断面 2.5m×3.50m（宽×高）	
	排风洞	平洞净断面 265m×7.2m×6.9m（长×宽×高），竖井净断面为圆形，长 185m，内部直径为 8m	
	排水管道竖井	排水管道竖井净断面为 3m×3m	
	排水洞	排水洞净断面为 3m×3m	
	开关站	地面开关站，平面尺寸 60m×200m（宽×长），户内 500kV GIS	

10.2　项目组成处理

根据地下厂房通用设计项目划分，本典型方案项目组成包括主厂房、主副厂房、安装场、主变压器洞、尾闸洞、母线洞、交通电缆洞、500kV 电缆出线洞、进厂交通洞、通风兼安全洞、排水廊道（上、中、下层）、集水井、尾闸交通洞、主变压器通风洞、排风竖井、尾闸通风洞、500kV 电缆出线竖井、主变压器交通洞、开关站等。

为了和国网新源公司管理要求、行业标准《水电工程设计概算编制规定（2013 年版）》项目划分和可研阶段设计出项习惯保持一致，对典型方案项目进行适当归类和合并。将尾闸洞、集水井归入输水系统，计入通用造价输水系统分册；将进厂交通洞、通风兼安全洞、主变压器交通洞计入通用造价筹建期工程分册；将主厂房、主副厂房、安装场合并为主厂房洞。

归类和合并后，本典型方案项目组成包括主厂房洞、主变压器洞、母线洞、交通电缆洞、500kV 电缆出线洞、排水廊道（上、中、下层）、主变压器排烟竖井、500kV 电缆出线竖井、开关站等。

10.3　方案造价

根据地下厂房通用设计典型方案五代表工程的可研阶段设计工程量和第 4 章中拟定条件计算的工程单价编制地下厂房典型方案五通用造价。典型方案五通用造价见表 10-2。

表 10-2　　典型方案五通用造价

编号	工程或费用名称	单位	数量	单价（元）	合计（万元）
一	地下发电厂房工程				25401.76
1	发电基础工程				13463.63
	石方洞挖	m^3	249184.00	104.93	2614.69
	结构混凝土 C25 二级配	m^3	38304.00	636.69	2438.78
	断层处理混凝土 C20	m^3	2500.00	527.35	131.84
	止水铜片	m	1320.00	589.08	77.76
	橡胶止水	m	1000.00	166.29	16.63
	钢筋	t	4833.00	6429.16	3107.21
	喷混凝土 10cm	m^3	4438.00	971.50	431.15
	钢纤维喷混凝土	m^3	1815.00	1553.91	282.03
	锚杆 $\phi 36$ $L=12m$	根	1507.00	1750.73	263.84
	锚杆 $\phi 32$ $L=11m$	根	1561.00	1529.68	238.78
	锚杆 $\phi 28$ $L=8m$	根	6475.00	977.02	632.62
	锚杆 $\phi 28$ $L=7m$	根	1271.00	829.91	105.48
	锚杆 $\phi 25$ $L=5m$	根	5349.00	293.85	157.18
	预应力锚杆 $\phi 36$ $L=12m$	根	1481.00	4228.21	626.20
	锚束 $3\phi 28$ $L=12m$	根	600.00	4538.75	272.32
	锚索 $T=2000kN$ $L=40m$	根	198.00	47046.42	931.52
	锚索 $T=1000kN$ $L=25m$	根	198.00	22682.33	449.11

续表

编号	工程或费用名称	单位	数量	单价（元）	合计（万元）
	固结灌浆钻孔	m	3755.00	28.07	10.54
	固结灌浆	t	300.39	4338.42	130.32
	回填灌浆	m^2	1247.00	106.37	13.26
	排水孔 孔深 5m	m	8030.00	26.81	21.53
	排水管	m	7222.00	30.00	21.67
	钢结构	t	160.59	7500.00	120.44
	屋顶网架	t	207.92	12000.00	249.50
	细部结构	m^3	45700.00	26.09	119.23
2	发电厂房工程				5195.31
	结构混凝土 C25 二级配	m^2	3828.00	824.29	315.54
	板梁柱混凝土 C25	m^3	18127.00	1283.56	2326.71
	钢筋	t	612.68	6429.16	393.90
	装修工程	m^2	17569.00	1200.00	2108.28
	细部结构	m^3	19502.00	26.09	50.88
3	排水廊道工程				3896.94
	石方洞挖	m^3	36131.00	268.91	971.60
	衬砌混凝土 C25 二级配	m^3	1826.00	824.76	150.60
	路面混凝土 C30 二级配	m^3	3072.00	604.32	185.65
	钢筋	t	161.54	6429.16	103.86
	喷混凝土 10cm	m^3	2130.00	971.50	206.93
	锚杆 $\phi25$ $L=5m$	根	83.00	279.04	2.32
	锚杆 $\phi22$ $L=2m$	根	24267.00	96.31	233.72
	帷幕灌浆钻孔	m	6000.00	328.59	197.15
	帷幕灌浆	t	480.00	6058.75	290.82
	排水孔 $\phi90$ 单孔 20～45m	m	63441.00	240.25	1524.17
	排水管	m	6057.00	30.00	18.17
	细部结构	m^3	7028.00	17.00	11.95
4	低压电缆洞工程				91.50
	石方洞挖	m^3	1026.00	190.24	19.52
	衬砌混凝土 C25 二级配	m^3	269.00	941.77	25.33
	路面混凝土 C30 二级配	m^3	26.00	625.64	1.63
	止水铜片	m	40.00	589.08	2.36
	钢筋	t	23.49	6429.16	15.10
	喷混凝土 10cm	m^3	95.00	971.50	9.23

续表

编号	工程或费用名称	单位	数量	单价（元）	合计（万元）
	锚杆 $\phi22$ $L=3m$	根	441.00	144.56	6.38
	固结灌浆钻孔	m	77.00	28.07	0.22
	固结灌浆	t	6.17	4338.42	2.68
	回填灌浆	m^2	160.00	106.37	1.70
	排水孔 孔深 3m	m	369.00	26.81	0.99
	排水管	m	316.00	30.00	0.95
	钢材	t	0.53	7500.00	0.40
	EVA 复合防水盖板	m^2	791.00	55.00	4.35
	细部结构	m^3	390.00	17.00	0.66
5	排风竖井工程				802.38
	土方明挖	m^3	3876.00	15.60	6.05
	石方明挖	m^3	22854.00	42.36	96.81
	石方洞挖	m^3	11475.00	253.38	290.75
	衬砌混凝土 C25 二级配	m^3	356.00	777.43	27.68
	板梁柱混凝土 C25	m^3	89.00	1283.56	11.42
	止水铜片	m	21.00	589.08	1.24
	钢筋	t	52.71	6429.16	33.89
	喷混凝土 10cm	m^3	1427.00	971.50	138.63
	锚杆 $\phi25$ $L=5m$	根	1387.00	279.04	38.70
	锚杆 $\phi25$ $L=4.5m$	根	1475.00	247.40	36.49
	锚杆 $\phi22$ $L=3m$	根	2862.00	144.56	41.37
	锚杆 $\phi22$ $L=2m$	根	867.00	96.31	8.35
	固结灌浆钻孔	m	585.00	28.07	1.64
	固结灌浆	t	46.69	4338.42	20.26
	回填灌浆	m^2	1126.00	106.37	11.98
	排水孔 孔深 3m	m	5517.00	26.81	14.79
	排水管	m	4729.00	30.00	14.19
	钢结构	t	1.05	7500.00	0.79
	EVA 复合防水盖板	m^2	414.00	55.00	2.28
	细部结构	m^3	1872.00	27.10	5.07
6	排风平洞				601.50
	石方洞挖	m^3	14123.00	185.48	261.95
	衬砌混凝土 C25 二级配	m^3	778.00	913.86	71.10
	路面混凝土 C30 二级配	m^3	630.00	644.87	40.63

续表

编号	工程或费用名称	单位	数量	单价（元）	合计（万元）
	止水铜片	延米	135.00	589.08	7.95
	钢筋	t	64.04	6429.16	41.17
	喷混凝土 10cm	m^3	648.00	971.50	62.95
	锚杆 $\phi25$ $L=5m$	根	1507.00	279.04	42.05
	锚杆 $\phi22$ $L=3m$	根	1507.00	144.56	21.79
	固结灌浆钻孔	m	440.00	28.07	1.24
	固结灌浆	t	35.17	4338.42	15.26
	回填灌浆	m^2	916.00	106.37	9.74
	排水孔 孔深 3m	m	2523.00	26.81	6.76
	排水管	m	2162.00	30.00	6.49
	EVA 复合防水盖板	m^2	1622.00	55.00	8.92
	细部结构	m^3	2056.00	17.00	3.50
7	排水管道竖井				361.17
	石方洞挖	m^3	3366.00	289.95	97.60
	衬砌混凝土 C25 二级配	m^3	990.00	780.44	77.26
	板梁柱混凝土 C25	m^3	248.00	1283.56	31.83
	路面混凝土 C30 二级配	m^3	13.00	649.23	0.84
	钢筋制作安装	t	87.14	6429.16	56.02
	喷混凝土 10cm	m^3	237.00	971.50	23.02
	锚杆 $\phi25$ $L=5m$	根	83.00	279.04	2.32
	锚杆 $\phi22$ $L=3m$	根	773.00	144.56	11.17
	固结灌浆钻孔	m	805.00	28.07	2.26
	固结灌浆	t	64.40	4338.42	27.94
	回填灌浆	m^2	2070.00	106.37	22.02
	排水孔 孔深 3.5m	m	924.00	26.81	2.48
	排水管	m	792.00	30.00	2.38
	细部结构	m^3	1488.00	27.10	4.03
8	排水洞工程				989.33
	石方洞挖	m^3	14680.00	268.91	394.76
	衬砌混凝土 C25 二级配	m^3	948.00	824.76	78.19
	路面混凝土 C30 二级配	m^3	1238.00	604.32	74.81
	钢筋制作安装	t	114.09	6429.16	73.35
	喷混凝土 10cm	m^3	1580.00	971.50	153.50
	锚杆 $\phi22$ $L=2m$	根	7339.00	96.31	70.68

续表

编号	工程或费用名称	单位	数量	单价（元）	合计（万元）
	固结灌浆钻孔	m	1070.00	28.07	3.00
	固结灌浆	t	85.62	4338.42	37.15
	回填灌浆	m^2	1440.00	106.37	15.32
	排水孔 孔深 3m	m	6143.00	26.81	16.47
	排水管	m	5265.00	30.00	15.80
	钢结构	t	0.53	7500.00	0.40
	主动防护网	m^2	550.00	250.00	13.75
	被动防护网	m^2	550.00	650.00	35.75
	细部结构	m^3	3766.00	17.00	6.40
二	升压变电工程				16216.99
1	主变压器室工程				5624.86
	石方洞挖	m^3	103122.00	100.16	1032.87
	结构混凝土 C25 二级配	m^3	12527.00	754.01	944.55
	回填混凝土	m^3	1500.00	527.35	79.10
	底板混凝土	m^3	4415.00	644.87	284.71
	橡胶止水	m	500.00	166.29	8.31
	止水铜片	m	550.00	589.08	32.40
	钢筋	t	1957.76	6429.16	1258.68
	喷混凝土 10cm	m^3	2297.00	971.50	223.15
	喷钢纤维混凝土 20cm	m^3	1160.00	1553.91	180.25
	锚杆 $\phi36$ $L=12m$	根	445.00	1750.73	77.91
	锚杆 $\phi25$ $L=$ 6m	根	8677.00	363.46	315.37
	锚杆 $\phi25$ $L=5m$	根	1624.00	293.85	47.72
	锚杆 $\phi25$ $L=4m$	根	970.00	224.22	21.75
	锚束 $3\phi28$ $L=12m$	根	120.00	4538.75	54.46
	固结灌浆钻孔	m	2725.00	28.07	7.65
	固结灌浆	t	218.30	4338.42	94.71
	排水孔 孔深 3m	m	4362.00	26.81	11.69
	排水管	m	3926.00	30.00	11.78
	钢结构	t	21.00	7500.00	15.75
	装修工程	m^2	12356.00	700.00	864.92
	细部结构	m^3	21899.00	26.09	57.13
2	母线洞工程				1183.36
	石方洞挖	m^3	19447.00	119.92	233.21

续表

编号	工程或费用名称	单位	数量	单价（元）	合计（万元）
	衬砌混凝土 C25 二级配	m^3	2345.00	715.49	167.78
	路面混凝土 C30 二级配	m^3	2753.00	644.87	177.53
	止水铜片	m	310.00	589.08	18.26
	钢筋	t	446.88	6429.16	287.31
	喷混凝土 10cm	m^3	595.00	971.50	57.80
	钢纤维喷混凝土	m^3	149.00	1553.91	23.15
	锚杆 $\phi25$ $L=6$m	根	1038.00	342.31	35.53
	锚杆 $\phi25$ $L=5$m	根	2442.00	279.04	68.14
	固结灌浆钻孔	m	605.00	28.07	1.70
	固结灌浆	t	48.44	4338.42	21.02
	回填灌浆	m^2	3482.00	106.37	37.04
	排水孔 孔深 3m	m	1839.00	26.81	4.93
	排水管	m	1655.00	30.00	4.96
	钢结构	t	1.26	7500.00	0.94
	EVA 复合防水盖板	m^2	6205.00	55.00	34.13
	细部结构	m^3	5842.00	17.00	9.93
3	出线平洞工程				3656.78
	石方洞挖	m^3	47044.00	130.36	613.27
	衬砌混凝土 C25 二级配	m^3	10638.00	820.30	872.64
	路面混凝土 C30 二级配	m^3	2020.00	625.64	126.38
	止水铜片	m	964.00	589.08	56.79
	钢筋	t	1172.90	6429.16	754.08
	喷混凝土 10cm	m^3	2314.00	971.50	224.81
	锚杆 $\phi25$ $L=5$m	根	3226.00	279.04	90.02
	锚杆 $\phi22$ $L=3$m	根	7528.00	144.56	108.82
	$\phi108\times8$ $L30$m 管棚支护	m	6000.00	360.00	216.00
	$\phi152\times5$ $L2$m 管棚支护	m	400.00	290.00	11.60
	$\phi42\times4$ $L4.5$m 管棚支护	m	2250.00	200.00	45.00
	固结灌浆钻孔	m	2522.00	28.07	7.08
	固结灌浆	t	201.72	4338.42	87.51
	回填灌浆	m^2	9789.00	106.37	104.13
	排水孔 孔深 3m	m	9001.00	26.81	24.13
	排水管	m	7715.00	30.00	23.14
	EVA 复合防水盖板	m^2	19287.00	55.00	106.08
	钢格栅	t	53.68	7500.00	40.26
	钢材	t	159.45	7500.00	119.59
	细部结构	m^3	14972.00	17.00	25.45
4	出线竖井工程				384.88

续表

编号	工程或费用名称	单位	数量	单价（元）	合计（万元）
	石方洞挖	m^3	4908.00	195.47	95.94
	衬砌混凝土 C25 二级配	m^3	1129.00	681.29	76.92
	路面混凝土 C30 二级配	m^3	318.00	644.87	20.51
	钢筋	t	126.85	6429.16	81.55
	喷混凝土 10cm	m^3	339.00	971.50	32.93
	锚杆 $\phi22$ $L=3$m	根	1574.00	144.56	22.75
	固结灌浆钻孔	m	266.00	28.07	0.75
	固结灌浆	t	21.26	4338.42	9.22
	回填灌浆	m^2	1544.00	106.37	16.42
	排水孔 孔深 3m	m	1317.00	26.81	3.53
	排水管	m	1129.00	30.00	3.39
	钢结构	t	2.03	7500.00	1.52
	EVA 复合防水盖板	m^2	2823.00	55.00	15.53
	细部结构	m^3	1447.00	27.10	3.92
5	地面开关站工程				5367.11
	土方开挖	m^3	34818.00	14.57	50.73
	石方明挖	m^3	225019.00	37.90	852.82
	浆砌石	m^3	5000.00	279.18	139.59
	结构混凝土 C25 二级配	m^3	13188.00	599.52	790.65
	路面混凝土 C30 二级配	m^3	1290.00	668.19	86.20
	护壁混凝土 C20	m^3	2703.00	683.91	184.86
	橡胶止水	m	300.00	166.29	4.99
	止水铜片	m	550.00	589.08	32.40
	钢筋	t	1865.06	6289.23	1172.98
	喷混凝土 10cm	m^3	1022.00	909.32	92.93
	锚杆 $\phi25$ $L=8$m	根	299.00	799.53	23.91
	锚杆 $\phi25$ $L=6$m	根	2987.00	272.34	81.35
	锚杆 $\phi25$ $L=4$m	根	1280.00	174.53	22.34
	锚束 $3\phi28$ $L=12$m	根	120.00	4112.45	49.35
	锚索 $T=1000$kN $L=25$m	根	147.00	22629.63	332.66
	固结灌浆钻孔	m	1333.00	50.96	6.79
	固结灌浆	t	106.64	4533.64	48.35
	排水孔 孔深 3m	m	5368.00	19.86	10.66
	钢结构	t	159.60	7500.00	119.70
	主动防护网	m^2	5500.00	250.00	137.50
	被动防护网	m^2	1100.00	650.00	71.50
	地面开关站	m^2	3921.00	2500.00	980.25
	细部结构	m^3	18203.00	40.98	74.60

第三篇

单位造价指标和工程单价区间

通用造价地下厂房分册中典型方案造价由三级项目构成，理论上每一级项目都可以作为造价组合的模块。但由于水文地质、地形地貌、枢纽布置和建筑物尺寸等差异影响，抽水蓄能电站之间相似度不高；并且不同于工民建和输变电工程，抽水蓄能电站样本数量有限。因此，直接以一级项目（各典型方案）和二级项目（主副厂房洞工程、排水廊道工程、排风竖井工程等）的投资绝对数值作为造价组合模块，其代表性和通用性差，不利于推广应用。

为了保证模块的通用性，需要对各方案间一二级项目寻找共性，并能进行差异化调整。由于一级项目是由二级项目组成的，只要二级项目满足具有通用属性，则一级项目通过二级项目的组合，自然就具备了通用的模块属性。

分析各典型方案二级项目的造价构成和影响因素，对导致造价差异的影响因素进行降维消元处理，造价模块由投资绝对数值调整为单位造价指标相对数值，从若干种单位造价指标中选取代表性好、相关性高、规律明显、离散小的造价指标作为通用造价典型方案造价指标；对不能量化降维消元部分，定性给出调整办法。

第 11 章 单位造价指标作用与说明

11.1 单位造价指标作用

抽水蓄能电站一方面样本数量有限，另一方面各建筑物特点鲜明、电站之间相似度不高、代表性弱，一二级项目见采用投资绝对数值通用性差。

单位造价指标作为综合数值，有效地消除装机、尺寸等差异影响，增强抽水蓄能电站通用造价使用的灵活性、组合性和扩展性，可快速地组合出不同方案的造价。作为相对关系的单位造价指标，为不同方案及二级项目之间架起桥梁，具有了横向可比性，使个性鲜明的方案和二级建筑物具备了样本的代表属性，变相的丰富了样本数量，有利于通用造价推广应用。

11.2 单位造价指标汇总

影响地下厂房造价的主要技术因素包括装机规模、建筑物尺寸和围岩类别等，对项目特征参数与造价进行相关性分析，提炼相关性和代表性较好的方案和二级项目单位造价指标，并以二级项目单位造价指标作为基本模块参数，结合实际方案二级项目建筑物尺寸，计算出相应二级项目造价，实现方案组合。

通用造价各典型方案及二级项目单位造价指标见表 11-1。其中，方案为单位千瓦指标，排水廊道为单位廊道长度指标，其余为单位空间体积指标，主副厂房洞和主变压器室工程空间体积按开挖尺寸计算，其他洞室空间体积按净断面尺寸计算。

表 11-1　　单位造价指标　　单位：元

序号	项目名称	单位	单位造价指标（元）				
			方案一	方案二	方案三	方案四	方案五
一	典型方案	kW	235	153	292	182	231
二	发电厂房工程						

续表

序号	项目名称	单位	单位造价指标（元）				
			方案一	方案二	方案三	方案四	方案五
1	主副厂房洞工程	m^3	665	547	627	625	715
2	排水廊道工程	m	8046	6823	8001	8268	8119
3	交通电缆洞工程	m^3	1324			1308	953
4	排风竖井工程	m^3	844	433	925	744	863
5	排风平洞工程	m^3	552		645	1260	457
6	排水管道竖井工程	m^3					1180
7	排水洞工程	m^3			595		751
8	消防通道工程	m^3			737		
三	升压变电工程						
1	主变压器室工程	m^3	492	579	516	598	602
2	母线洞工程	m^3	465	603	701	623	583
3	出线平洞	m^3	728	651	883	1074	2343
4	出线竖井	m^3	862		933	761	450
5	地面开关站	m^2	5200	2147	13551	4017	4473

11.3 单位造价指标说明

表 11-1 中各典型方案二级项目单位造价指标差异的主要原因为各典型方案围岩类别不同，导致支护形式不同，从而引起单位造价指标一定程度偏离。

在应用单位造价指标时，要选择与自身围岩条件相似的方案和二级项目，保证准确选取指标，围岩条件好的（Ⅱ类为主）选用小值，围岩条件差的（Ⅲ类为主）选用大值。表 11-1 中未给出围岩类别的二级项目，其围岩类别与其典型方案相同。

通用造价典型方案未包括在地下厂房周边设置帷幕灌浆的方案，当采用首部、尾部开发、并且需要在地下厂房周边设置防渗帷幕时，还需考虑防渗相关投资，建议在典型方案通用造价的基础上增加 60～90 元/m^3，围岩条件好的，取小值。

对于地面开关站单位造价指标差异的主要原因为地形地质条件不同，导致开挖、边坡处理和回填等工程量的差异。在应用单位造价指标时，对于开挖回填量大的选用大值，对于开挖回填量小的选用小值。

第 12 章　工 程 单 价

12.1 工程单价作用

工程单价属于造价管理控制的基本层次和单位，与详细的工程量配合使用，为解决工程造价具体问题创造条件，其灵活性和组合性不受限制，应用广泛，能够因地制宜、具体问题具体分析，提高造价预测和控制的准确性和精度，是工程造价测算和单位造价指标提炼的基础。

工程单价是微观造价管理工具，为编制、比较分析造价提供参考，为造价评审提供尺度，是控制造价精度的重要方法，在抽水蓄能电站各阶段的造价编制、评审和投资决策中都有广泛应用。

12.2 工程单价汇总

为了满足多个阶段的造价管理需要，编制了不同水平的工程单价，构成单价区间。工程单价包括概算水平、预算水平和投标报价水平三阶段。

概算水平工程单价为通用造价典型方案工程单价。

便于同招投标工程单价对比，预算水平工程单价分为预算水平一和预算水平二。预算水平一取费标准同通用造价工程单价取费标准；考虑招标时一般项目出项情况，预算水平二取费标准中不包含安全文明施工措施费，小型临时设施摊销费费率降低 0.5%，利润率降为 6%。

投标报价与招标条件、报价策略、技术水平和竞争激烈程度等因素有关，根据对水电市场投标报价水平的统计分析，将投标报价水平分为投标报价一和投标报价二。投标报价一为报价高限，投标报价二为报价低限。

各阶段工程单价采用相同的施工方法和基础价格，编制依据、施工方法和基础价格等边界条件见第 4 章。工程单价区间见表 12-1。

表 12-1　　　　　　　　工程单价区间

编号	项目名称	单位	概算水平	预算水平一	预算水平二	投标报价一	投标报价二
一	土方工程						
1	土方开挖 2km	m^3	15.60	15.15	14.66	13.21	11.62
2	土方开挖 1.5km	m^3	14.57	14.15	13.69	12.34	10.85
二	石方工程						
3	厂房洞挖	m^3	104.93	102.73	99.56	92.42	88.47
4	主变压器室洞挖	m^3	100.16	98.06	95.04	88.28	84.45
5	母线洞洞挖	m^3	119.92	117.42	113.79	105.75	101.11
6	排水廊道	m^3	268.91	262.32	254.01	232.76	226.54
7	低压电缆洞洞挖	m^3	190.24	185.76	179.94	165.53	160.31
8	排风竖井洞挖	m^3	253.38	248.48	240.60	224.83	213.35
9	排风竖井明挖	m^3	42.36	41.40	40.10	36.98	35.70
10	出线平洞洞挖一	m^3	178.25	174.06	168.61	155.09	150.22
11	出线竖井洞挖	m^3	195.47	191.51	185.46	172.65	164.69
12	地面开关站明挖	m^3	37.90	37.10	35.96	33.35	31.96
13	排风机平台石方明挖	m^3	41.42	40.51	39.26	36.31	34.92
14	排水洞竖井开挖	m^3	289.95	284.50	275.44	257.90	244.31
15	土石方回填	m^3	11.37	11.04	10.68	9.64	9.57
16	排风平洞洞挖	m^3	185.48	181.20	175.53	161.75	156.31
17	出线平洞洞挖二	m^3	130.36	127.59	123.65	114.70	109.90
三	砌石工程	m^3					
18	浆砌石 挡墙	m^3	276.79	270.96	262.37	255.98	246.56
19	浆砌石 护坡	m^3	279.18	273.34	264.68	258.22	248.70
四	混凝土工程						
20	厂房混凝土 C25 二级配下部	m^3	636.69	629.20	609.63	585.54	567.52
21	厂房混凝土 C25 二级配上部	m^3	824.29	814.12	788.54	755.80	734.51
22	低压电缆洞 C25 二级配	m^3	941.77	927.47	898.43	852.44	839.28
23	主变压器室 C25 二级配	m^3	754.01	744.81	721.47	691.85	671.94
24	母线洞 C25 二级配	m^3	715.49	706.62	684.67	656.11	637.79
25	出线洞 C25 二级配	m^3	820.30	809.89	784.67	751.23	731.16
26	板梁柱 C25 二级配	m^3	1283.56	1259.93	1219.62	1143.43	1143.08
27	出线竖井 C25 二级配	m^3	681.29	671.41	650.39	618.61	607.15
28	块石混凝土 C15	m^3	318.55	313.44	303.64	287.27	283.88

续表

编号	项目名称	单位	概算水平	预算水平一	预算水平二	投标报价一	投标报价二
29	排水沟混凝土 C25 二级配	m^3	599.52	591.18	572.82	546.03	534.41
30	排风平洞衬砌混凝土	m^3	913.86	900.74	872.57	830.38	814.43
31	路面混凝土 C30 二级配（母线洞、排风平洞）	m^3	644.87	636.52	616.77	589.91	574.86
32	地沟盖板制作安装	m^3	924.15	907.94	879.06	826.84	823.16
33	厂房混凝土 C20 二级配 下部	m^3	593.80	586.25	567.93	543.61	529.22
34	路面混凝土 C30 二级配（排风平台、升压站）	m^3	668.19	659.08	638.60	609.36	595.62
35	排水沟混凝土 C15 二级配（出线洞）	m^3	559.93	551.46	534.26	507.02	499.06
36	路面混凝土 C30 二级配（出线洞）	m^3	625.64	617.38	598.25	571.73	557.74
37	橡胶止水	m	166.29	165.85	160.45	159.04	143.18
38	铜止水	m	589.08	587.63	568.51	563.83	507.22
39	排水廊道衬砌 C25 二级配	m^3	824.76	813.95	788.61	753.89	735.14
40	排水洞衬砌 C25 二级配	m^3	780.44	768.95	744.84	707.93	695.48
41	挡墙混凝土 C20 二级配	m^3	740.61	730.94	707.89	676.78	659.87
42	排风竖井 C25 二级配	m^3	777.43	765.98	741.96	705.19	692.79
43	置换混凝土 C20 二级配	m^3	527.35	520.99	504.93	484.48	470.20
44	护坡框格 C25 二级配	m^3	683.91	675.72	654.86	628.47	609.77
45	路面混凝土 C30 二级配（排水廊道）	m^3	604.32	596.47	577.99	552.72	538.74
46	排水沟混凝土 C30 二级配	m^3	649.23	640.27	620.40	591.58	578.74
47	排水沟混凝土 C15 二级配（排水廊道）	m^3	583.52	574.35	556.40	526.87	520.05
五	钢筋制作安装工程						
48	地面 钢筋制作安装	t	6289.24	6265.67	6085.17	6009.16	5803.25
49	地下 钢筋制作安装	t	6429.15	6401.39	6216.46	6126.93	5931.86
六	喷锚支护工程						
50	露天 锚杆 $\phi 22$ $L=3m$（风钻）	根	114.04	112.70	109.03	104.71	83.85
51	露天 锚杆 $\phi 22$ $L=4m$（风钻）	根	151.56	149.78	144.91	139.15	111.44
52	露天 锚杆 $\phi 25$ $L=4.5m$（风钻）	根	198.98	196.87	190.47	183.68	146.31

续表

编号	项目名称	单位	概算水平	预算水平一	预算水平二	投标报价一	投标报价二
53	露天 锚杆 ϕ25 L=6m（风钻）	根	272.34	269.28	260.52	250.64	200.25
54	洞内 锚杆 ϕ22 L=2.5m（风钻）	根	120.43	118.74	114.88	109.42	88.56
55	洞内 锚杆 ϕ22 L=4m（风钻）	根	192.79	189.97	183.80	174.70	141.76
56	洞内 锚杆 ϕ22 L=3m（风钻）	根	144.56	142.49	137.86	131.19	106.29
57	洞内 锚杆 ϕ22 L=4.5m（风钻）	根	221.62	218.28	211.18	200.39	162.96
58	洞内 锚杆 ϕ22 L=2m（风钻）	根	96.31	95.00	91.91	87.67	70.82
59	洞内 锚杆 ϕ25 L=5m（风钻）	根	279.04	275.16	266.21	253.72	205.17
60	洞内 锚杆 ϕ22 L=5m（风钻）	根	250.46	246.58	238.56	226.07	184.16
61	洞内 喷混凝土 10cm	m^3	971.50	957.37	927.42	904.34	884.62
62	露天 喷混凝土 10cm	m^3	909.32	896.58	868.56	847.17	828.03
63	洞内 喷钢纤维混凝土 70kg	m^3	1553.91	1541.36	1492.40	1470.42	1414.26
64	锚束 3ϕ28 L=12m	束	4538.75	4479.72	4334.13	4143.77	3337.34
65	洞内 锚杆 ϕ22 L=3.5m（厂房）	根	176.44	173.79	168.14	159.60	129.73
66	洞内 锚杆 ϕ20 L=2.5m（厂房）	根	118.24	116.38	112.60	106.59	86.95
67	洞内 锚杆 ϕ22 L=3m（厂房）	根	151.61	149.35	144.50	137.22	111.48
68	洞内 锚杆 ϕ22 L=4m（厂房）	根	201.26	198.22	191.78	181.97	147.99
69	洞内 锚杆 ϕ22 L=5m（厂房）	根	265.27	261.01	252.53	238.82	195.04
70	洞内 锚杆 ϕ25 L=3.5m（厂房）	根	196.61	193.96	187.65	179.11	144.56
71	洞内 锚杆 ϕ25 L=4.5m（厂房）	根	259.04	255.39	247.09	235.33	190.46
72	洞内 锚杆 ϕ25 L=5m（厂房）	根	293.85	289.59	280.18	266.47	216.06
73	洞内 锚杆 ϕ25 L=7m（潜孔钻）	根	785.03	770.53	745.49	698.73	577.24
74	洞内 锚杆 ϕ28 L=6m（厂房）	根	402.02	396.56	383.66	366.05	295.60
75	洞内 锚杆 ϕ25 L=6m（厂房）	根	363.46	358.00	346.36	328.75	267.25
76	洞内 锚杆 ϕ25 L=4m（厂房）	根	224.22	221.18	213.99	204.19	164.87
77	洞内 锚杆 ϕ28 L=7m（潜孔钻）	根	829.91	815.41	788.91	742.15	610.23
78	洞内 锚杆 ϕ28 L=8m（潜孔钻）	根	977.02	959.92	928.76	873.61	718.43
79	洞内 锚杆 ϕ28 L=12m（潜孔钻）	根	1571.79	1543.75	1493.69	1403.26	1155.83
80	洞内 锚杆 ϕ32 L=7.5m（潜孔钻）	根	978.29	962.45	931.19	880.11	719.35
81	洞内 锚杆 ϕ32 L=8m（潜孔钻）	根	1054.20	1037.10	1003.43	948.28	775.17
82	洞内 锚杆 ϕ32 L=9m（潜孔钻）	根	1215.52	1195.75	1156.95	1093.17	893.82
83	洞内 锚杆 ϕ32 L=11m（潜孔钻）	根	1529.68	1504.47	1455.68	1374.38	1124.85

续表

编号	项目名称	单位	概算水平	预算水平一	预算水平二	投标报价一	投标报价二
84	洞内 锚杆 ϕ36 L=9m（潜孔钻）	根	1263.32	1243.54	1203.19	1139.41	928.96
85	洞内 锚杆 ϕ36 L=8m（潜孔钻）	根	1096.67	1079.56	1044.51	989.37	806.40
86	洞内 锚杆 ϕ36 L=10m（潜孔钻）	根	1425.06	1402.69	1357.19	1285.04	1047.92
87	洞内 锚杆 ϕ36 L=12m（潜孔钻）	根	1750.73	1722.68	1666.80	1576.37	1287.39
88	洞内 预应力锚杆 ϕ32 L=10m	根	3355.32	3287.81	3181.49	2963.83	2467.80
89	洞内 预应力锚杆 ϕ36 L=12m	根	4228.21	4151.01	4016.65	3767.93	3109.78
90	洞内 锚索 1000kN L=20m（地质钻机）	束	19109.09	18843.44	18232.64	17962.81	17380.22
91	洞内 锚索 1000kN L=25m（地质钻机）	束	22682.35	22369.14	21643.59	21327.67	20629.82
92	洞内 锚索 2000kN L=20m（地质钻机）	束	26550.66	26194.01	25343.98	24986.08	24147.67
93	洞内 锚索 2000kN L=25m（地质钻机）	束	31597.26	31172.88	30160.80	29737.38	28737.03
94	洞内 锚杆 ϕ20 L=2.0m（风钻）	根	89.44	88.12	85.26	81.01	65.76
95	洞内 锚杆 ϕ20 L=2.5m（风钻）	根	111.90	110.21	106.62	101.17	82.28
96	洞内 锚杆 ϕ20 L=4m（风钻）	根	179.29	176.47	170.73	161.64	131.83
97	洞内 锚杆 ϕ25 L=4.5m（风钻）	根	247.40	244.05	236.11	225.32	181.91
98	洞内 锚杆 ϕ25 L=6m（风钻）	根	342.31	337.38	326.41	310.51	251.70
99	露天 锚杆 ϕ28 L=7m（潜孔钻）	根	720.04	708.34	685.33	647.61	529.45
100	露天锚杆 ϕ25 L=8m（潜孔钻）	根	799.53	785.66	760.17	715.42	587.93
101	露天锚杆 ϕ25 L=4m（风钻）	根	174.53	172.74	167.12	161.36	128.33
102	露天 锚束 3ϕ28 L=12m	根	4112.45	4043.82	3912.77	3691.46	3024.17
103	露天 锚索 2000kN L=40m（地质钻机）	束	46940.67	46305.48	44800.90	44173.48	42690.45
104	露天 锚索 2000kN L=25m（地质钻机）	束	31526.37	31104.12	30094.28	29672.92	28672.57
105	露天 锚索 1000kN L=25m（地质钻机）	束	22629.63	22317.99	21594.11	21279.71	20581.86
106	露天 锚索 1000kN L=20m（地质钻机）	束	19063.66	18799.36	18189.99	17921.46	17338.88
107	洞内 锚索 2000kN L=40m（地质钻机）	束	47046.42	46408.08	44900.16	44269.68	42786.66

续表

编号	项目名称	单位	概算水平	预算水平一	预算水平二	投标报价一	投标报价二
108	露天 预应力锚杆 $\phi28$ $L=10m$	根	3119.03	3054.24	2955.40	2746.35	2293.99
七	基础处理工程						
109	帷幕灌浆钻孔（洞内）	m	328.59	323.59	313.06	296.94	276.57
110	帷幕灌浆	t	6058.75	5930.05	5739.83	5324.83	5102.15
111	露天固结灌浆钻孔（潜孔钻）	m	50.96	49.78	48.16	47.40	44.37
112	露天固结灌浆（40kg/m）	t	4533.64	4448.72	4306.66	4032.84	3993.89
113	洞内固结灌浆钻孔（风钻）	m	28.07	27.33	26.44	25.97	24.44

续表

编号	项目名称	单位	概算水平	预算水平一	预算水平二	投标报价一	投标报价二
114	隧洞固结灌浆（40kg/m）	t	4338.42	4255.27	4119.52	3851.34	3822.05
115	隧洞回填灌浆	m^2	106.37	104.99	101.73	97.30	89.66
116	露天 排水孔	m	19.86	19.36	18.73	18.41	17.29
117	洞内 排水孔 5m 以内	m	26.81	26.10	25.25	24.80	23.34
118	接触灌浆	m^2	110.88	110.11	106.56	104.07	93.36
119	排水廊道洞内 排水孔 50m	m	240.25	236.04	228.36	225.65	209.19
120	露天 排水孔 12m 以内	m	48.52	47.40	45.86	45.14	42.25

第四篇

通用造价使用调整方法及工程示例

第13章　典型方案造价汇总

13.1　方案造价

方案造价见表13-1。

表13-1　　方　案　造　价　　万元

序号	项目名称	各方案工程造价（万元）				
		方案一	方案二	方案三	方案四	方案五
一	发电厂房工程	18808	12066	20943	20916	25402
1	主副厂房洞工程	15398	10546	12540	17136	18659
2	排水廊道工程	1623	1099	1792	2067	3897
3	低压电缆洞	79			78	92
4	排风竖井	705	421	1372	1030	802
5	排风平洞	1003		2390	604	602

续表

序号	项目名称	各方案工程造价（万元）				
		方案一	方案二	方案三	方案四	方案五
6	排水管道竖井					361
7	排水洞			2685		989
8	消防通道工程			164		
二	升压变电工程	9434	6330	14121	11930	16217
1	主变压器室工程	3520	3128	2773	5508	5625
2	母线洞工程	600	694	898	932	1183
3	出线平洞	1000	760	2602	1027	3657
4	出线竖井	1027		1009	1089	385
5	地面开关站工程	3286	1748	6839	3375	5367
三	合计	28241	18396	35064	32846	41619

13.2　单位造价指标

单位造价指标汇总见表13-2。

表13-2　　单位造价指标汇总

编号	项目名称	单位	方案一		方案二		方案三		方案四		方案五	
			单位造价指标	围岩条件	单位造价指标	围岩条件	单位造价指标	围岩条件	单位造价指标	围岩条件	单位造价指标	围岩条件
一	典型方案	元/kW	235	地下厂房洞室围岩以Ⅱ～Ⅲ类为主	153	地下厂房洞室围岩以Ⅱ类为主	292	地下厂房洞室围岩以Ⅱ～Ⅲ类为主	182	地下厂房洞室围岩以Ⅲ类为主	231	地下厂房洞室围岩以Ⅲ类为主

续表

编号	项目名称	单位	方案一		方案二		方案三		方案四		方案五	
			单位造价指标	围岩条件	单位造价指标	围岩条件	单位造价指标	围岩条件	单位造价指标	围岩条件	单位造价指标	围岩条件
二	发电厂房工程											
1	主副厂房洞工程（按空间体积计算）	元/m^3	665	Ⅱ类围岩占59%，Ⅲ类围岩占36%，Ⅳ～Ⅴ类围岩占5%	547	Ⅱ类围岩	627	Ⅱ类围岩占84%，Ⅲ类围岩占10%，Ⅳ～Ⅴ类围岩占6%	625	Ⅲa类围岩为主局部Ⅲb和Ⅲc断层出露部位Ⅳ类	715	Ⅲ类围岩为主局部为Ⅳ类断层破碎带为Ⅳ～Ⅴ类
2	排水廊道工程（按廊道长度计算）	元/m	8046		6823		8001		8268		8119	
3	交通电缆洞工程（按空间体积计算）	元/m^3	1324						1308		953	
4	排风竖井工程（按空间体积计算）	元/m^3	844		433		925		744		863	
5	排风平洞工程（按空间体积计算）	元/m^3	552	Ⅱ～Ⅲ类为主，断层和挤压破碎带部位为Ⅳ～Ⅴ类			645		1260		457	
6	排水管道竖井工程（按空间体积计算）	元/m^3									1180	
7	排水洞工程（按空间体积计算）	元/m^3					595				751	
8	消防通道工程（按空间体积计算）	元/m^3					737					
三	升压变电工程											
1	主变压器室工程（按空间体积计算）	元/m^3	492	Ⅱ类围岩占59%，Ⅲ类围岩占36%，Ⅳ～Ⅴ类围岩占5%	579	Ⅱ类围岩	516	Ⅱ类围岩占82%，Ⅲ类围岩占14%，Ⅳ～Ⅴ类围岩占4%	598	Ⅲa类围岩为主	602	
2	母线洞工程（按空间体积计算）	元/m^3	465		603		701	Ⅱ类围岩占85%，Ⅲ类围岩占13%，Ⅳ～Ⅴ类围岩占2%	623		583	
3	出线平洞（按空间体积计算）	元/m^3	728	Ⅱ～Ⅲ类为主，断层和裂隙密集带部位为Ⅳ类	651	Ⅱ类围岩	883		1074	Ⅲb类围岩为主	2343	
4	出线竖井（按空间体积计算）	元/m^3	862				933		761	断层和裂隙密集带部位为Ⅳ类	450	
5	地面开关站（按平台尺寸计算）	元/m^2	5200		2147		13551		4017		4473	

13.3 主要工程单价

主要工程单价见表 13-3。

表 13-3 **主要工程单价**

编号	项目名称	单位	概算水平	预算水平一	预算水平二	投标报价一	投标报价二	工程特征	施工方法
一	土方工程								
1	土方开挖 2km	m^3	15.60	15.15	14.66	13.21	11.62	Ⅲ类土	118kW 推土机剥离集料，$3m^3$装载机装土，15t 自卸出渣，运距 2km
2	土方开挖 1.5km	m^3	14.57	14.15	13.69	12.34	10.85	Ⅲ类土	118kW 推土机剥离集料，$3m^3$装载机装土，15t 自卸出渣，运距 1.5km
二	石方工程								
3	厂房洞挖	m^3	104.93	102.73	99.56	92.42	88.47	岩石级别Ⅺ～Ⅻ	共分七层开挖，顶拱开挖占 16%，采用中导洞领先，两侧扩挖跟进的施工方法。Ⅱ层（18%）采用中间拉槽，边墙保护层的开挖方式，梯段爆破，梯段高度 8m，边墙采用保护层开挖，厚度 5m，光面爆破，进行保护层开挖。顶拱与Ⅱ层出渣方式及运距同顶拱，采用三臂液压凿岩台车钻孔，光面爆破，$3m^3$装载机装 20t 自卸汽车运输至渣场。洞内运距 2.0km，洞外运距 2.0km。下部（66%）采用分层开挖，层厚 7～8m，ROC712 液压履带钻机钻孔，深孔梯段爆破，沿厂房设计边线先打预裂孔，118kW 推土机集渣，$3m^3$装载机装 20t 自卸汽车出渣，洞内运距 2.0km，洞外运距 2.6km
4	主变压器室洞挖	m^3	100.16	98.06	95.04	88.28	84.45	岩石级别Ⅺ～Ⅻ	50%采用三臂凿岩台车，$3m^3$装载机装 15t 自卸汽车，洞内运距 2.0km；洞外运距 2.0km。50%采用 ROC712 液压钻钻孔，周边预裂爆破，梯段毫秒爆破，$3m^3$装载机装 15t 自卸汽车，洞内运距 2.0km；洞外运距 2.6km
5	母线洞洞挖	m^3	119.92	117.42	113.79	105.75	101.11	岩石级别Ⅺ～Ⅻ 开挖断面 $90m^2$	采用三臂凿岩台车钻孔爆破，$3m^3$装载机装 15t 自卸汽车运输出渣，洞内运距 2.0km，洞外运距 2.6km
6	排水廊道	m^3	268.91	262.32	254.01	232.76	226.54	岩石级别Ⅺ～Ⅻ 开挖断面≤$10m^2$	采用气腿钻钻孔，扒渣机装小型机动翻斗车运渣，小断面洞内运 0.6km，之后倒运一次，15t 自卸汽车出渣，洞内运距 2.0km，洞外运距 2.6km
7	低压电缆洞洞挖	m^3	190.24	185.76	179.94	165.53	160.31	岩石级别Ⅺ～Ⅻ 开挖断面 $28m^2$	气腿钻钻爆，由 $3m^3$装载机装 15t 自卸汽车出渣，洞内运距 2.0km，洞外运距 2.6km
8	排风竖井洞挖	m^3	253.38	248.48	240.60	224.83	213.35	岩石级别Ⅺ～Ⅻ 开挖断面 $38m^2$	反井钻机打导井，风钻扩挖至 3m 溜渣井，$3m^3$装载机装 15t 自卸汽车出渣，洞内运距 2.0km，洞外运距 2.6km
9	排风竖井明挖	m^3	42.36	41.40	40.10	36.98	35.70	岩石级别Ⅸ～Ⅹ	风钻钻爆，推土机集渣，用 $3m^3$ 挖掘机装 15t 自卸汽车运输出渣，运距 2.6km
10	出线平洞洞挖一	m^3	178.25	174.06	168.61	155.09	150.22	岩石级别Ⅺ～Ⅻ 开挖断面 $28m^2$	风钻钻爆，由 $2m^3$装载机装 10t 自卸汽车出渣，洞内运距 2.2km，洞外运距 2.6km
11	出线竖井洞挖	m^3	195.47	191.51	185.46	172.65	164.69	岩石级别Ⅺ～Ⅻ 开挖断面 $75m^2$	反井钻机打导井，风钻扩挖至 3m 溜渣井，$3m^3$装载机装 15t 自卸汽车出渣，洞内运距 2.2km，洞外运距 2.6km

编号	项目名称	单位	概算水平	预算水平一	预算水平二	投标报价一	投标报价二	工程特征	施工方法
12	地面开关站明挖	m^3	37.90	37.10	35.96	33.35	31.96	岩石级别Ⅸ～Ⅹ	石方开挖采用 YQ-100 型潜孔钻机钻爆，推土机集渣，用 $3m^3$ 挖掘机装 15t 自卸汽车运输出渣，运距 1.5km
13	排风机平台石方明挖	m^3	41.42	40.51	39.26	36.31	34.92	岩石级别Ⅸ～Ⅹ	石方开挖采用风钻钻爆，推土机集渣，用 $3m^3$ 挖掘机装 15t 自卸汽车运输出渣，运距 2.0km
14	排水洞竖井开挖	m^3	289.95	284.50	275.44	257.90	244.31	岩石级别Ⅸ～Ⅹ	反井钻机打导井，风钻扩挖至 3m 溜渣井，$3m^3$ 装载机装 15t 自卸汽车出渣，洞内运距 2.0km，洞外运距 2.6km
15	土石方回填	m^3	11.37	11.04	10.68	9.64	9.57		40%利用开挖料填筑，60%倒运 $3m^3$ 装载机装 15t 自卸汽车运输，运距 1.0km，振动碾碾压
16	排风平洞洞挖	m^3	185.48	181.20	175.53	161.75	156.31	岩石级别Ⅺ～Ⅻ 开挖断面 $28m^2$	60%采用三臂凿岩台车钻孔爆破，40%采用气腿钻钻爆，由 $3m^3$ 装载机装 15t 自卸汽车出渣，洞内运距 2.0km，洞外运距 2.6km
17	出线平洞洞挖二	m^3	130.36	127.59	123.65	114.70	109.90	岩石级别Ⅺ～Ⅻ 开挖断面 $50m^2$	风钻钻爆，由 $2m^3$ 装载机装 10t 自卸汽车出渣，洞内运距 2.2km，洞外运距 2.6km
三	砌石工程								
18	浆砌石 挡墙	m^3	276.79	270.96	262.37	255.98	246.56		人工从渣场拣石块，人工装车 8t 自卸汽车运输 1.0km，人工砌筑
19	浆砌石 护坡	m^3	279.18	273.34	264.68	258.22	248.70		人工从渣场拣石块，人工装车 8t 自卸汽车运输 1.0km，人工砌筑
四	混凝土工程								
20	厂房混凝土 C25 二级配下部	m^3	636.69	629.20	609.63	585.54	567.52		拌和楼拌制混凝土，$6m^3$ 混凝土搅拌运输车运输，洞内运距 2.0km，洞外运距 0.5km，1/5 由混凝土泵送入仓，其余厂房桥机吊 $3m^3$ 混凝土罐入仓，插入式振捣器振捣
21	厂房混凝土 C25 二级配上部		824.29	814.12	788.54	755.80	734.51		拌和楼拌制混凝土，$6m^3$ 混凝土搅拌运输车运混凝土，洞内运距 2.0km，洞外运距 0.5km。混凝土泵送入仓，插入式振捣器振捣
22	低压电缆洞 C25 二级配	m^3	941.77	927.47	898.43	852.44	839.28	衬砌厚度 0.4m	隧洞喷锚支护后衬砌，拌和楼拌制混凝土，$3m^3$ 混凝土搅拌运输车运混凝土，洞外运距 0.5km，洞内运距 2.0km。混凝土泵送入仓，插入式振捣器振捣
23	主变压器室 C25 二级配	m^3	754.01	744.81	721.47	691.85	671.94		拌和楼拌制混凝土，$6m^3$ 混凝土搅拌运输车运混凝土，洞内运距 2.0km，洞外运距 0.5km。混凝土泵送入仓，插入式振捣器振捣
24	母线洞 C25 二级配	m^3	715.49	706.62	684.67	656.11	637.79	衬砌厚度 0.5m	隧洞喷锚支护后衬砌，拌和楼拌制混凝土，$3m^3$ 混凝土搅拌运输车运混凝土，洞内运距 2.0km，洞外运距 0.5km。混凝土泵送入仓，2.2kW 插入式振捣器振捣
25	出线洞 C25 二级配	m^3	820.30	809.89	784.67	751.23	731.16	衬砌厚度 0.4m	隧洞喷锚支护后衬砌，拌和楼拌制混凝土，$3m^3$ 混凝土搅拌运输车运混凝土，洞外运距 0.5km，洞内运距 2.2km。混凝土泵送入仓，插入式振捣器振捣
26	板梁柱 C25 二级配	m^3	1283.56	1259.93	1219.62	1143.43	1143.08		拌和楼拌制混凝土，$3m^3$ 混凝土搅拌运输车运混凝土，洞外 0.8km。混凝土溜槽入仓，插入式振捣器振捣

编号	项目名称	单位	概算水平	预算水平一	预算水平二	投标报价一	投标报价二	工程特征	施工方法
27	出线竖井 C25 二级配	m^3	681.29	671.41	650.39	618.61	607.15	衬砌厚度 0.5m	竖井喷锚支护后衬砌，拌和楼拌制混凝土，$3m^3$混凝土搅拌车运混凝土，运距 0.8km，溜筒入仓，H=260m，滑模施工，2.2kW 插入式振捣器振捣
28	块石混凝土 C15	m^3	318.55	313.44	303.64	287.27	283.88		拌和楼拌制混凝土，$6m^3$混凝土搅拌运输车运混凝土，洞外运距 1.5km。混凝土溜槽入仓，插入式振捣器振捣。块石由人工捡集
29	排水沟混凝土 C25 二级配	m^3	599.52	591.18	572.82	546.03	534.41		拌和楼拌制混凝土，$3m^3$ 混凝土搅拌运输车运混凝土，洞外运距 0.5km，洞内运距 2.2km。溜槽入仓，插入式振捣器振捣
30	排风平洞衬砌混凝土	m^3	913.86	900.74	872.57	830.38	814.43	局部衬砌厚度 0.4m	隧洞喷锚支护后衬砌，拌和楼拌制混凝土，$3m^3$混凝土搅拌运输车运混凝土，洞外运距 0.5km，洞内运距 2.0km。混凝土泵送入仓，插入式振捣器振捣
31	路面混凝土 C30 二级配（母线洞、排风平洞）	m^3	644.87	636.52	616.77	589.91	574.86		拌和楼拌制混凝土，$3m^3$ 混凝土搅拌运输车运混凝土，洞外运距 0.5km，洞内运距 2.20km。溜槽入仓，插入式振捣器振捣
32	地沟盖板制作安装	m^3	924.15	907.94	879.06	826.84	823.16		预制板体积≤$0.6m^3$，运距 1～5km
33	厂房混凝土 C20 二级配 下部	m^3	593.80	586.25	567.93	543.61	529.22		拌和楼拌制混凝土，$6m^3$ 混凝土搅拌运输车运输，洞内运距 2.0km，洞外运距 0.5km，1/5 由混凝土泵送入仓，其余厂房桥机吊 $3m^3$ 混凝土罐入仓，插入式振捣器振捣
34	路面混凝土 C30 二级配（排风平台、升压站）	m^3	668.19	659.08	638.60	609.36	595.62		拌和楼拌制混凝土，$3m^3$ 混凝土搅拌运输车运混凝土，洞外运距 0.8km。溜槽入仓，插入式振捣器振捣
35	排水沟混凝土 C15 二级配（出线洞）	m^3	559.93	551.46	534.26	507.02	499.06		拌和楼拌制混凝土，$3m^3$ 混凝土搅拌运输车运混凝土，洞外运距 0.5km，洞内运距 2.20km。溜槽入仓，插入式振捣器振捣
36	路面混凝土 C30 二级配（出线洞）	m^3	625.64	617.38	598.25	571.73	557.74		拌和楼拌制混凝土，$3m^3$ 混凝土搅拌运输车运混凝土，洞外运距 0.5km，洞内运距 2.20km。溜槽入仓，插入式振捣器振捣
37	橡胶止水	延米	166.29	165.85	160.45	159.04	143.18		橡胶止水
38	铜止水	延米	589.08	587.63	568.51	563.83	507.22		铜止水
39	排水廊道衬砌 C25 二级配	m^3	824.76	813.95	788.61	753.89	735.14	洞口衬砌，衬砌厚度 0.5m	拌和楼拌制混凝土，$3m^3$混凝土搅拌运输车运混凝土，洞外运距 0.5km，洞内运距 2.0km。混凝土泵送入仓，插入式振捣器振捣
40	排水洞衬砌 C25 二级配	m^3	780.44	768.95	744.84	707.93	695.48	衬砌厚度 0.5m	隧洞喷锚支护后衬砌，拌和楼拌制混凝土，$3m^3$混凝土搅拌车运混凝土，运距 0.8km，溜筒入仓，H=260m，滑模施工，2.2kW 插入式振捣器振捣
41	挡墙混凝土 C20 二级配	m^3	740.61	730.94	707.89	676.78	659.87		拌和楼拌制混凝土，$6m^3$混凝土搅拌车运混凝土，运距 0.8km，HB60 型混凝土泵送入仓，钢模板施工，2.2kW 插入式振捣器振捣
42	排风竖井 C25 二级配	m^3	777.43	765.98	741.96	705.19	692.79	局部衬砌厚度 0.4m	竖井喷锚支护后衬砌，拌和楼拌制混凝土，$3m^3$混凝土搅拌车运混凝土，运距 0.8km，溜筒入仓，H=260m，滑模施工，2.2kW 插入式振捣器振捣
43	置换混凝土 C20 二级配	m^3	527.35	520.99	504.93	484.48	470.20		拌和楼拌制混凝土，$6m^3$混凝土搅拌运输车运混凝土，洞外运距 0.5km，洞内运距 2.2km。混凝土泵送入仓，插入式振捣器振捣

编号	项目名称	单位	概算水平	预算水平一	预算水平二	投标报价一	投标报价二	工程特征	施工方法
44	护坡框格 C25 二级配	m^3	683.91	675.72	654.86	628.47	609.77		拌和楼拌制混凝土，6m^3混凝土搅拌运输车运混凝土，洞外运距 1.5km。混凝土泵送入仓，插入式振捣器振捣
45	路面混凝土 C30 二级配（排水廊道）	m^3	604.32	596.47	577.99	552.72	538.74		拌和楼拌制混凝土，3m^3 混凝土搅拌运输车运混凝土，洞外运距 0.5km，洞内运距 2.0km。溜槽入仓，插入式振捣器振捣
46	排水沟混凝土 C30 二级配	m^3	649.23	640.27	620.40	591.58	578.74		拌和楼拌制混凝土，3m^3 混凝土搅拌运输车运混凝土，洞外运距 0.5km，洞内运距 2.0km。溜槽入仓，插入式振捣器振捣
47	排水沟混凝土 C15 二级配（排水廊道）	m^3	583.52	574.35	556.40	526.87	520.05		拌和楼拌制混凝土，3m^3 混凝土搅拌运输车运混凝土，洞外运距 0.5km，洞内运距 2.0km。溜槽入仓，插入式振捣器振捣
五	钢筋制作安装工程								
48	地面 钢筋制作安装	t	6289.24	6265.67	6085.17	6009.16	5803.25		钢筋加工制作安装
49	地下 钢筋制作安装	t	6429.15	6401.39	6216.46	6126.93	5931.86		钢筋加工制作安装
六	喷锚支护工程								
50	露天 锚杆 ϕ22 L=3m（风钻）	根	114.04	112.70	109.03	104.71	83.85	岩石级别Ⅸ～Ⅹ	风钻钻孔
51	露天 锚杆 ϕ22 L=4m（风钻）	根	151.56	149.78	144.91	139.15	111.44	岩石级别Ⅸ～Ⅹ	风钻钻孔
52	露天 锚杆 ϕ25 L=4.5m（风钻）	根	198.98	196.87	190.47	183.68	146.31	岩石级别Ⅸ～Ⅹ	风钻钻孔
53	露天 锚杆 ϕ25 L=6m（风钻）	根	272.34	269.28	260.52	250.64	200.25	岩石级别Ⅸ～Ⅹ	风钻钻孔
54	洞内 锚杆 ϕ22 L=2.5m（风钻）	根	120.43	118.74	114.88	109.42	88.56	岩石级别Ⅺ～Ⅻ	风钻钻孔
55	洞内 锚杆 ϕ22 L=4m（风钻）	根	192.79	189.97	183.80	174.70	141.76	岩石级别Ⅺ～Ⅻ	风钻钻孔
56	洞内 锚杆 ϕ22 L=3m（风钻）	根	144.56	142.49	137.86	131.19	106.29	岩石级别Ⅺ～Ⅻ	风钻钻孔
57	洞内 锚杆 ϕ22 L=4.5m（风钻）	根	221.62	218.28	211.18	200.39	162.96	岩石级别Ⅺ～Ⅻ	风钻钻孔
58	洞内 锚杆 ϕ22 L=2m（风钻）	根	96.31	95.00	91.91	87.67	70.82	岩石级别Ⅺ～Ⅻ	风钻钻孔
59	洞内 锚杆 ϕ25 L=5m（风钻）	根	279.04	275.16	266.21	253.72	205.17	岩石级别Ⅺ～Ⅻ	风钻钻孔
60	洞内 锚杆 ϕ22 L=5m（风钻）	根	250.46	246.58	238.56	226.07	184.16	岩石级别Ⅺ～Ⅻ	风钻钻孔
61	洞内 喷混凝土 10cm	m^3	971.50	957.37	927.42	904.34	884.62	岩石级别Ⅺ～Ⅻ	机械湿喷，平洞支护，有钢筋网
62	露天 喷混凝土 10cm	m^3	909.32	896.58	868.56	847.17	828.03		机械湿喷，地面护坡，有钢筋网
63	洞内 喷钢纤维混凝土 70kg	m^3	1553.91	1541.36	1492.40	1470.42	1414.26		机械湿喷，平洞支护
64	锚束 3ϕ28 L=12m	束	4538.75	4479.72	4334.13	4143.77	3337.34	岩石级别Ⅺ～Ⅻ	洞内、地质钻钻孔
65	洞内 锚杆 ϕ22 L=3.5m（厂房）	根	176.44	173.79	168.14	159.60	129.73	岩石级别Ⅺ～Ⅻ	65%气腿钻钻孔，35%三臂液压台车钻孔
66	洞内 锚杆 ϕ20 L=2.5m（厂房）	根	118.24	116.38	112.60	106.59	86.95	岩石级别Ⅺ～Ⅻ	65%气腿钻钻孔，35%三臂液压台车钻孔
67	洞内 锚杆 ϕ22 L=3m（厂房）	根	151.61	149.35	144.50	137.22	111.48	岩石级别Ⅺ～Ⅻ	65%气腿钻钻孔，35%三臂液压台车钻孔
68	洞内 锚杆 ϕ22 L=4m（厂房）	根	201.26	198.22	191.78	181.97	147.99	岩石级别Ⅺ～Ⅻ	65%气腿钻钻孔，35%三臂液压台车钻孔

续表

编号	项目名称	单位	概算水平	预算水平一	预算水平二	投标报价一	投标报价二	工程特征	施工方法
69	洞内 锚杆 ϕ22 L=5m（厂房）	根	265.27	261.01	252.53	238.82	195.04	岩石级别Ⅺ～Ⅻ	65%气腿钻钻孔，35%三臂液压台车钻孔
70	洞内 锚杆 ϕ25 L=3.5m（厂房）	根	196.61	193.96	187.65	179.11	144.56	岩石级别Ⅺ～Ⅻ	65%气腿钻钻孔，35%三臂液压台车钻孔
71	洞内 锚杆 ϕ25 L=4.5m（厂房）	根	259.04	255.39	247.09	235.33	190.46	岩石级别Ⅺ～Ⅻ	65%气腿钻钻孔，35%三臂液压台车钻孔
72	洞内 锚杆 ϕ25 L=5m（厂房）	根	293.85	289.59	280.18	266.47	216.06	岩石级别Ⅺ～Ⅻ	65%气腿钻钻孔，35%三臂液压台车钻孔
73	洞内 锚杆 ϕ25 L=7m（潜孔钻）	根	785.03	770.53	745.49	698.73	577.24	岩石级别Ⅺ～Ⅻ	潜孔钻钻孔
74	洞内 锚杆 ϕ28 L=6m（厂房）	根	402.02	396.56	383.66	366.05	295.60	岩石级别Ⅺ～Ⅻ	65%气腿钻钻孔，35%三臂液压台车钻孔
75	洞内 锚杆 ϕ25 L=6m（厂房）	根	363.46	358.00	346.36	328.75	267.25	岩石级别Ⅺ～Ⅻ	65%气腿钻钻孔，35%三臂液压台车钻孔
76	洞内 锚杆 ϕ25 L=4m（厂房）	根	224.22	221.18	213.99	204.19	164.87	岩石级别Ⅺ～Ⅻ	65%气腿钻钻孔，35%三臂液压台车钻孔
77	洞内 锚杆 ϕ28 L=7m（潜孔钻）	根	829.91	815.41	788.91	742.15	610.23	岩石级别Ⅺ～Ⅻ	潜孔钻钻孔
78	洞内 锚杆 ϕ28 L=8m（潜孔钻）	根	977.02	959.92	928.76	873.61	718.43	岩石级别Ⅺ～Ⅻ	潜孔钻钻孔
79	洞内 锚杆 ϕ28 L=12m（潜孔钻）	根	1571.79	1543.75	1493.69	1403.26	1155.83	岩石级别Ⅺ～Ⅻ	潜孔钻钻孔
80	洞内 锚杆 ϕ32 L=7.5m（潜孔钻）	根	978.29	962.45	931.19	880.11	719.35	岩石级别Ⅺ～Ⅻ	潜孔钻钻孔
81	洞内 锚杆 ϕ32 L=8m（潜孔钻）	根	1054.20	1037.10	1003.43	948.28	775.17	岩石级别Ⅺ～Ⅻ	潜孔钻钻孔
82	洞内 锚杆 ϕ32 L=9m（潜孔钻）	根	1215.52	1195.75	1156.95	1093.17	893.82	岩石级别Ⅺ～Ⅻ	潜孔钻钻孔
83	洞内 锚杆 ϕ32 L=11m（潜孔钻）	根	1529.68	1504.47	1455.68	1374.38	1124.85	岩石级别Ⅺ～Ⅻ	潜孔钻钻孔
84	洞内 锚杆 ϕ36 L=9m（潜孔钻）	根	1263.32	1243.54	1203.19	1139.41	928.96	岩石级别Ⅺ～Ⅻ	潜孔钻钻孔
85	洞内 锚杆 ϕ36 L=8m（潜孔钻）	根	1096.67	1079.56	1044.51	989.37	806.40	岩石级别Ⅺ～Ⅻ	潜孔钻钻孔
86	洞内 锚杆 ϕ36 L=10m（潜孔钻）	根	1425.06	1402.69	1357.19	1285.04	1047.92	岩石级别Ⅺ～Ⅻ	潜孔钻钻孔
87	洞内 锚杆 ϕ36 L=12m（潜孔钻）	根	1750.73	1722.68	1666.80	1576.37	1287.39	岩石级别Ⅺ～Ⅻ	潜孔钻钻孔
88	洞内 预应力锚杆 ϕ32 L=10m	根	3355.32	3287.81	3181.49	2963.83	2467.80	岩石级别Ⅺ～Ⅻ	潜孔钻钻孔
89	洞内 预应力锚杆 ϕ36 L=12m	根	4228.21	4151.01	4016.65	3767.93	3109.78	岩石级别Ⅺ～Ⅻ	潜孔钻钻孔
90	洞内 锚索 1000kN L=20m（地质钻机）	束	19109.09	18843.44	18232.64	17962.81	17380.22	岩石级别Ⅺ～Ⅻ	无黏结式岩石预应力锚索，地质钻钻孔
91	洞内 锚索 1000kN L=25m（地质钻机）	束	22682.35	22369.14	21643.59	21327.67	20629.82	岩石级别Ⅺ～Ⅻ	无黏结式岩石预应力锚索，地质钻钻孔
92	洞内 锚索 2000kN L=20m（地质钻机）	束	26550.66	26194.01	25343.98	24986.08	24147.67	岩石级别Ⅺ～Ⅻ	无黏结式岩石预应力锚索，地质钻钻孔
93	洞内 锚索 2000kN L=25m（地质钻机）	束	31597.26	31172.88	30160.80	29737.38	28737.03	岩石级别Ⅺ～Ⅻ	无黏结式岩石预应力锚索，地质钻钻孔
94	洞内 锚杆 ϕ20 L=2.0m（风钻）	根	89.44	88.12	85.26	81.01	65.76	岩石级别Ⅺ～Ⅻ	风钻钻孔

续表

编号	项目名称	单位	概算水平	预算水平一	预算水平二	投标报价一	投标报价二	工程特征	施工方法
95	洞内 锚杆 ϕ20 L=2.5m（风钻）	根	111.90	110.21	106.62	101.17	82.28	岩石级别Ⅺ～Ⅻ	风钻钻孔
96	洞内 锚杆 ϕ20 L=4m（风钻）	根	179.29	176.47	170.73	161.64	131.83	岩石级别Ⅺ～Ⅻ	风钻钻孔
97	洞内 锚杆 ϕ25 L=4.5m（风钻）	根	247.40	244.05	236.11	225.32	181.91	岩石级别Ⅺ～Ⅻ	风钻钻孔
98	洞内 锚杆 ϕ25 L=6m（风钻）	根	342.31	337.38	326.41	310.51	251.70	岩石级别Ⅺ～Ⅻ	风钻钻孔
99	露天 锚杆 ϕ28 L=7m（潜孔钻）	根	720.04	708.34	685.33	647.61	529.45	岩石级别Ⅸ～Ⅹ	潜孔钻钻孔
100	露天锚杆 ϕ25 L=8m（潜孔钻）	根	799.53	785.66	760.17	715.42	587.93	岩石级别Ⅸ～Ⅹ	潜孔钻钻孔
101	露天锚杆 ϕ25 L=4m（风钻）	根	174.53	172.74	167.12	161.36	128.33	岩石级别Ⅸ～Ⅹ	风钻钻孔
102	露天 锚束 3ϕ28 L=12m	根	4112.45	4043.82	3912.77	3691.46	3024.17	岩石级别Ⅸ～Ⅹ	地质钻钻孔
103	露天 锚索 2000kN L=40m（地质钻机）	束	46940.67	46305.48	44800.90	44173.48	42690.45	岩石级别Ⅸ～Ⅹ	无黏结式岩石预应力锚索，地质钻钻孔
104	露天 锚索 2000kN L=25m（地质钻机）	束	31526.37	31104.12	30094.28	29672.92	28672.57	岩石级别Ⅸ～Ⅹ	无黏结式岩石预应力锚索，地质钻钻孔
105	露天 锚索 1000kN L=25m（地质钻机）	束	22629.63	22317.99	21594.11	21279.71	20581.86	岩石级别Ⅸ～Ⅹ	无黏结式岩石预应力锚索，地质钻钻孔
106	露天 锚索 1000kN L=20m（地质钻机）	束	19063.66	18799.36	18189.99	17921.46	17338.88	岩石级别Ⅸ～Ⅹ	无黏结式岩石预应力锚索，地质钻钻孔
107	洞内 锚索 2000kN L=40m（地质钻机）	束	47046.42	46408.08	44900.16	44269.68	42786.66	岩石级别Ⅺ～Ⅻ	无黏结式岩石预应力锚索，地质钻钻孔
108	露天 预应力锚杆 ϕ28 L=10m	根	3119.03	3054.24	2955.40	2746.35	2293.99	岩石级别Ⅸ～Ⅹ	潜孔钻钻孔
七	基础处理工程								
109	帷幕灌浆钻孔（洞内）	m	328.59	323.59	313.06	296.94	276.57	岩石级别Ⅺ～Ⅻ	地质钻钻岩石孔，孔深 50～100m
110	帷幕灌浆	t	6058.75	5930.05	5739.83	5324.83	5102.15		帷幕灌浆，自下而上，水泥单位注入量 50kg/m
111	露天固结灌浆钻孔（潜孔钻）	m	50.96	49.78	48.16	47.40	44.37	岩石级别Ⅸ～Ⅹ	潜孔钻钻岩石孔，孔深 12m 以内
112	露天固结灌浆（40kg/m）	t	4533.64	4448.72	4306.66	4032.84	3993.89	岩石级别Ⅸ～Ⅹ	露天岩石固结灌浆，自下而上，水泥单位注入量 40kg/m
113	洞内固结灌浆钻孔（风钻）	m	28.07	27.33	26.44	25.97	24.44	岩石级别Ⅺ～Ⅻ	气腿钻钻孔，孔深 5m 以内
114	隧洞固结灌浆（40kg/m）	t	4338.42	4255.27	4119.52	3851.34	3822.05		隧洞固结灌浆，水泥单位注入量 40kg/m
115	隧洞回填灌浆	m^2	106.37	104.99	101.73	97.30	89.66		风钻钻孔，灌浆泵灌浆
116	露天 排水孔	m	19.86	19.36	18.73	18.41	17.29	岩石级别Ⅸ～Ⅹ	手风钻钻孔，孔深 5m 以内
117	洞内 排水孔 5m 以内	m	26.81	26.10	25.25	24.80	23.34	岩石级别Ⅺ～Ⅻ	气腿钻钻孔，孔深 5m 以内
118	接触灌浆	m^2	110.88	110.11	106.56	104.07	93.36		
119	排水廊道洞内 排水孔 50m	m	240.25	236.04	228.36	225.65	209.19	岩石级别Ⅺ～Ⅻ	地质钻钻孔，孔深 50m
120	露天 排水孔 12m 以内	m	48.52	47.40	45.86	45.14	42.25	岩石级别Ⅸ～Ⅹ	潜孔钻钻孔，孔深 12m 以内

第 14 章　使 用 方 法

14.1　单位造价指标

单位造价指标是通用造价的宏观管理应用工具，主要用于方案和二级项目的造价调整，可在抽水蓄能电站选点规划投资匡算、预可行性研究投资估算和可行性研究设计概算等的编制、评审和决策中广泛应用。

根据实际工程技术条件，合理选择典型方案通用造价、二级项目造价或单位造价指标，通过拼接、调整影响造价主要因素，快速计算工程造价。具体使用步骤如下：

（1）根据站址围岩条件，以 13.2 节单位造价指标汇总表为基础，选择合适的通用造价典型方案作为基础方案。

（2）对基础方案的二级项目构成进行调整，使其与实际方案二级项目构成相同。

（3）根据实际方案二级项目围岩类别，选择合适的单位造价指标。

（4）根据实际方案二级项目的建筑物尺寸和选择的单位造价指标，计算相应二级项目造价。

（5）以调整后的各二级项目造价合计作为基数，乘以调整系数（岩石级别、价格水平、项目地区、海拔高程、设计阶段、综合调整）计算实际方案的工程造价。

14.2　工程单价

工程单价是通用造价的微观管理应用工具，是控制造价精度的重要方法，可在抽水蓄能电站各阶段的造价编制、评审和决策中广泛应用。

工程单价的使用方法为：根据项目所处阶段，以 13.3 节工程单价区间表为基础，合理选择工程单价水平，调整运距、断面尺寸、岩石级别、项目地区、海拔高程等影响工程单价的主要因素，形成目标单价。

通用造价中工程单价主要目的是提供造价编制、分析和评审的参考，并提供快速计算工程单价的方法。对于招标文件或合同条款中有工程单价明确的计算条件或方法的情况，建议需结合实际情况具体分析，不宜简便选用。

第 15 章　调 整 方 法

15.1　单位造价指标

影响典型方案与实际方案造价差异的主要因素包括项目构成差异、建筑物尺寸变化、岩石级别差异、价格水平不同、项目地区差异和项目所处海拔高程等。影响造价的主要因素调整方法见本章 15.1.1～15.1.8。

调整方法中项目构成差异和尺寸变化，主要是调整二级项目，其他调整方法主要适用于方案调整，二级项目也可参照使用。

15.1.1　项目构成

实际方案与通用造价典型方案相比减少的二级项目，在通用造价典型方案中减去相应二级项目投资；实际方案与通用造价典型方案相比增加的二级项目，参照通用造价其他典型方案二级项目单位造价指标，并结合二级项目的特征参数计算相应投资。

15.1.2　尺寸变化

实际方案与通用造价典型方案建筑物尺寸、面积变化，比如厂房、主变压器洞开挖尺寸变化，附属洞室断面面积差异，可通过实际方案二级项目的特征尺寸和通用造价典型方案对应项目单位造价指标计算投资，替换典型方案相应造价。

15.1.3　岩石级别差异

典型方案通用造价石方洞挖、锚杆和灌浆钻孔岩石级别按Ⅺ～Ⅻ考虑，为了便于对岩石级别Ⅸ～Ⅹ和ⅩⅢ～ⅩⅣ的调整，通过计算岩石级别Ⅸ～Ⅹ和ⅩⅢ～ⅩⅣ方案的投资，分别与典型方案通用造价做比值，作为不同岩石级别的调整系数。通用造价各典型方案岩石级别调整系数见表 15-1。

表 15-1　　典型方案岩石级别调整系数

编号	方案名称	Ⅺ～Ⅻ	Ⅸ～Ⅹ	ⅩⅢ～ⅩⅣ	备注
1	典型方案一	1.000	0.967	1.045	
2	典型方案二	1.000	0.962	1.057	
3	典型方案三	1.000	0.955	1.069	
4	典型方案四	1.000	0.969	1.043	
5	典型方案五	1.000	0.962	1.062	
	均值	1.000	0.963	1.055	

15.1.4　价格水平

实际方案与通用造价典型方案价格水平不同时，价格水平采用指数法进行调整。

价格指数采用水电总院可再生能源定额站发布的价格指数，或者通过权重法计算，价格指数的权重法计算公式如下：

$$A+\left(B_1\times\frac{F_{t1}}{F_{o1}}+B_2\times\frac{F_{t2}}{F_{o2}}+B_3\times\frac{F_{t3}}{F_{o3}}+\cdots+B_n\times\frac{F_{tn}}{F_{on}}\right) \qquad (15\text{-}1)$$

式中　A——定值权重（即不调部分的权重）；

$B_1,B_2,B_3,\cdots,B_n$——各可调因子的变值权重（即可调部分的权重），为各可调因子单项工程造价中所占的比例；

$F_{t1},F_{t2},F_{t3},\cdots,F_{tn}$——各可调因子的调整期价格；

$F_{o1},F_{o2},F_{o3},\cdots,F_{on}$——各可调因子的通用造价编制期价格。

可调因子包括高级熟练工、熟练工、半熟练工、普工、柴油、汽油、钢筋、水泥、炸药、砂石料、电水风等。

经分析方案一至方案五定值权重分别为 32.33%、39.67%、27.46%、37.05%、33.92%，定值权重平均值为 34.08%，可调因子变值权重见表 15-2。

表 15-2　　可调因子变值权重

编号	项目名称	高级工	熟练工	半熟练工	普工	钢筋	水泥	柴油	炸药	板枋材	汽油	砂	碎石	电	水	风
1	典型方案一	1.19%	5.02%	4.67%	3.45%	19.55%	12.77%	5.32%	3.29%	0.55%	0.71%	2.46%	1.80%	1.99%	0.67%	4.22%
2	典型方案二	1.12%	4.49%	4.01%	3.22%	19.54%	10.27%	5.14%	3.40%	0.30%	0.46%	2.01%	1.26%	1.68%	0.62%	2.81%
3	典型方案三	1.15%	5.43%	5.12%	4.12%	21.08%	12.33%	6.13%	3.88%	0.47%	0.93%	2.44%	1.90%	2.20%	0.95%	4.42%
4	典型方案四	1.10%	4.75%	4.22%	3.34%	15.46%	13.67%	5.33%	3.26%	0.75%	0.60%	2.78%	2.07%	1.88%	0.74%	3.00%
5	典型方案五	1.12%	5.56%	5.10%	3.69%	16.95%	12.63%	5.34%	2.93%	0.37%	1.20%	2.43%	1.79%	2.23%	1.12%	3.61%
6	均值	1.14%	5.05%	4.62%	3.56%	18.51%	12.33%	5.45%	3.35%	0.49%	0.78%	2.42%	1.77%	2.00%	0.82%	3.61%

15.1.5　项目地区

典型方案通用造价取费按中南、华东的一般地区考虑，在此基础上根据 2013 版取费标准中其他直接费规定，分别计算出西南，华北，西北、东北、西藏等地区的方案造价，以上述地区的方案造价与通用造价的比值作为不同地区的调整系数，项目地区差异调整系数见表 15-3。

表 15-3　　项目地区差异调整系数

序号	项目名称	中南、华东	西南	华北	西北、东北、西藏
1	典型方案一	1	1.004	1.008	1.019
2	典型方案二	1	1.003	1.007	1.017
3	典型方案三	1	1.004	1.008	1.020
4	典型方案四	1	1.004	1.007	1.018
5	典型方案五	1	1.004	1.008	1.019
	平均		1.004	1.008	1.019

15.1.6　海拔高程

典型方案通用造价按高程 2000m 以下的一般地区考虑，在此基础上根据定额高海拔地区调整系数分析计算 2000～4000m 各高程区间的方案造价，以各高程区间的方案造价与 2000m 以下方案造价的比值作为不同海拔高程调整系数，高海拔调整系数分档同《水电建筑工程概算定额（2007 年版）》，海拔高程调整系数见表 15-4。

表 15-4　　海拔高程调整系数

编号	项目名称	2000m 以内	2000～2500m	2500～3000m	3000～3500m	3500～4000m
1	典型方案一	1	1.05	1.07	1.09	1.11
2	典型方案二	1	1.05	1.06	1.08	1.10
3	典型方案三	1	1.05	1.08	1.10	1.12
4	典型方案四	1	1.05	1.07	1.09	1.11
5	典型方案五	1	1.05	1.07	1.09	1.11
	平均		1.05	1.07	1.09	1.11

15.1.7　设计阶段

典型方案通用造价按可研阶段深度考虑，在此基础上根据现行水电估算、匡算和工程量计算规定，分析计算规划和预可研阶段的方案造价，以规划和预可研阶段的方案造价与典型方案通用造价的比值作为规划和预可研阶段的设计阶段调整系数，设计阶段调整系数见表 15-5。

表 15-5　　设计阶段调整系数

编号	项目名称	可研	预可研	规划
1	典型方案一	1.00	1.07	1.14
2	典型方案二	1.00	1.07	1.14
3	典型方案三	1.00	1.07	1.15
4	典型方案四	1.00	1.07	1.14
5	典型方案五	1.00	1.07	1.14

15.1.8　综合调整

实际方案与通用造价典型方案需要多个差异调整的情况，首先调整项目构成差异，然后调整尺寸变化，以调整后的造价作为其他调整系数的基数。对于多个系数同时调整的情况，综合调整系数按各调整系数之和，减去调整系数个数加 1 计算。

15.2　工程单价

实际工程单价可根据工程情况，选用合适的定额分析计算，但过程烦琐，工作量大。为了快速计算工程单价，本节在典型方案工程单价的基础上，根据影响工程单价的主要因素，给出简化调整计算办法。

影响典型方案工程单价与实际方案工程单价差异的主要因素包括运距、断面尺寸、岩石级别、价格水平、项目地区、海拔高程和设计阶段差异等。影响工程单价的主要因素调整方法见本章 15.2.1～15.2.8。

调整方法是简化计算方法，目的是方便对工程单价参考使用，如果对工程单价精度要求较高，建议根据工程具体条件分析计算。

15.2.1　断面尺寸

抽水蓄能电站地下洞室断面尺寸多样，不同的断面尺寸影响石方开挖和混凝土衬砌工程单价，不同断面尺寸单价调整按表 15-6 中单价插值计算。

表 15-6　　断面尺寸单价调整

编号	项目名称	单位	概算水平	预算水平一	预算水平二	投标报价一	投标报价二
1	平洞开挖（风钻 开挖断面≤10m²）洞内 2km，洞外 2.6km	m³	268.91	262.32	254.01	232.76	225.19
2	平洞开挖（风钻 开挖断面 20m²）洞内 0.8km，洞外 2km	m³	183.41	179.14	173.53	159.79	153.28
3	平洞开挖（风钻 开挖断面 40m²）洞内 0.8km，洞外 2km	m³	143.39	140.10	135.75	125.19	119.69
4	平洞开挖（三臂钻 开挖断面 40m²）洞内 0.8km，洞外 2km	m³	124.30	121.74	118.00	109.76	95.56
5	平洞开挖（三臂钻 开挖断面 60m²）洞内 0.8km，洞外 2km	m³	115.76	113.38	109.88	102.23	88.89
6	平洞开挖（三臂钻 开挖断面 100m²）洞内 0.8km，洞外 2km	m³	113.18	110.88	107.47	100.09	86.77
7	隧洞衬砌（开挖断面 30m² 衬砌厚 50cm）洞外 0.5km，洞内 2km	m³	848.02	837.32	811.20	776.81	755.83
8	隧洞衬砌（开挖断面 60m² 衬砌厚 50cm）洞外 0.5km，洞内 2km	m³	826.04	815.63	790.20	756.72	736.25
9	隧洞衬砌（开挖断面 100m² 衬砌厚 70cm）洞外 0.5km，洞内 2km	m³	726.07	717.06	694.76	665.74	647.21

15.2.2　运距调整

典型方案工程单价按 4.5.1 节中运距计算，实际方案与典型方案运距不同时，在 13.3 节工程单价区间表基础上，工程单价按表 15-7 中基本运距单价和运距差值进行调整。

表 15-7　　工程单价区间

编号	项目名称	单位	概算水平	预算水平一	预算水平二	投标报价一	投标报价二
1	土方运输（$3m^3$ 装载机装 15t 自卸车 每增运 1km）	m^3	1.81	1.76	1.70	1.52	1.35
2	土方运输（$3m^3$ 装载装 20t 自卸车 每增运 1km）	m^3	1.99	1.93	1.87	1.68	1.48
3	石方运输（$3m^3$ 装载机装 15t 自卸车 明挖每增运 1km）	m^3	2.52	2.44	2.37	2.12	1.95
4	石方运输（$3m^3$ 装载机装 15t 自卸车 洞内每增运 0.2km）	m^3	0.67	0.65	0.63	0.56	0.52
5	石方运输（$3m^3$ 装载机装 15t 自卸车 洞外每增运 0.5km）	m^3	1.34	1.30	1.26	1.13	1.04
6	石方运输（$3m^3$ 装载机装 20t 自卸车 明挖每增运 1km）	m^3	2.53	2.46	2.38	2.13	1.96
7	石方运输（$3m^3$ 装载机装 20t 自卸车 洞内每增运 0.2km）	m^3	0.69	0.67	0.65	0.58	0.54
8	石方运输（$3m^3$ 装载机装 20t 自卸车 洞外每增运 0.5km		1.32	1.28	1.24	1.11	1.02
9	混凝土运输（$3m^3$ 搅拌车 洞外每增运 500m）	m^3	3.32	3.22	3.12	2.80	2.57
10	混凝土运输（$3m^3$ 搅拌车 洞内每增运 500m）	m^3	4.18	4.06	3.93	3.52	3.24
11	混凝土运输（$6m^3$ 搅拌车 洞外每增运 500m）	m^3	3.24	3.14	3.04	2.72	2.50
12	混凝土运输（$6m^3$ 搅拌车 洞内每增运 500m）	m^3	4.13	4.00	3.87	3.47	3.19

15.2.3　岩石级别

典型方案工程单价石方开挖和锚杆钻孔岩石级别明挖按Ⅸ～Ⅹ考虑，洞挖按Ⅺ～Ⅻ考虑，岩石级别升降调整一档时，在 13.3 节工程单价区间表中工程单价基础上，按表 15-8 调整系数计算。

表 15-8　　工程单价区间

编号	项目名称	Ⅸ～Ⅹ/Ⅺ～Ⅻ	Ⅺ～Ⅻ/ⅩⅢ～ⅩⅣ	Ⅴ～Ⅷ/Ⅸ～Ⅹ
1	石方明挖	1.00	1.16	0.92
2	石方洞挖断面>$40m^2$	1.00	1.09	0.91
3	石方洞挖 断面≤$20m^2$	1.00	1.24	0.82
4	石方竖井开挖	1.00	1.29	0.82
5	锚杆	1.00	1.12	0.9

15.2.4　价格水平

实际方案与典型方案的工程单价价格水平不同时，价格水平可采用指数法或系数法其中任意一种方法进行调整。

（1）价格指数法。

价格指数采用水电总院可再生能源定额站发布的价格指数，该价格指数每半年发布一次，可根据项目所在地区对工程单价分类别进行调整。价格指数查询可登录可再生能源工程造价信息网，查询网址：http：//www.hydrocost.org.cn/price/priceIndex.jsp。

（2）系数法。

系数法是指对柴油、水泥、钢筋、炸药及钢板五种主要材料价格的调整系数，当五种材料预算价格浮动时，分别按表 15-9～表 15-12 中对应的工程单价类别调整系数计算，当变化幅度与表格数据不同时，可进行内插计算。如遇到多个主材变化，例：石方工程单价中柴油和水泥价格同时上浮时，需计算综合调整系数，综合调整系数按上浮材料的调整系数之和，减去调整系数个数加 1 计算。

表 15-9　　柴油预算价格调整表

编号	项目名称	−20%	−10%	0%	+10%	+20%
1	土方工程	0.885	0.943	1.000	1.057	1.114
2	石方工程	0.953	0.976	1.000	1.024	1.047
3	砌石工程	0.983	0.989	1.000	1.007	1.018
4	混凝土工程	0.986	0.993	1.000	1.007	1.014
5	钢筋制作安装工程	0.999	0.999	1.000	1.001	1.001
6	基础处理工程	0.989	0.995	1.000	1.005	1.010
7	喷锚支护工程	0.988	0.994	1.000	1.006	1.012

表 15-10　　水泥预算价格调整表

编号	项目名称	−20%	−10%	0%	+10%	+20%
1	土方工程	1.000	1.000	1.000	1.000	1.000
2	石方工程	1.000	1.000	1.000	1.000	1.000
3	砌石工程	0.955	0.979	1.000	1.021	1.042
4	混凝土工程	0.926	0.966	1.000	1.034	1.067
5	钢筋制作安装工程	1.000	1.000	1.000	1.000	1.000
6	基础处理工程	0.984	0.993	1.000	1.007	1.014
7	喷锚支护工程	0.995	0.998	1.000	1.002	1.005

表 15-11　　钢筋预算价格调整表

编号	项目名称	−20%	−10%	0%	+10%	+20%
1	土方工程	1.000	1.000	1.000	1.000	1.000
2	石方工程	1.000	1.000	1.000	1.000	1.000
3	砌石工程	1.000	1.000	1.000	1.000	1.000
4	混凝土工程	1.000	1.000	1.000	1.000	1.000
5	钢筋制作安装工程	0.852	0.929	1.000	1.071	1.142
6	基础处理工程	1.000	1.000	1.000	1.000	1.000
7	喷锚支护工程	0.946	0.973	1.000	1.027	1.055

表 15-12　　炸药预算价格调整表

编号	项目名称	−20%	−10%	0%	+10%	+20%
1	土方工程	1.000	1.000	1.000	1.000	1.000
2	石方工程	0.980	0.990	1.000	1.010	1.020
3	砌石工程	1.000	1.000	1.000	1.000	1.000
4	混凝土工程	1.000	1.000	1.000	1.000	1.000
5	钢筋制作安装工程	1.000	1.000	1.000	1.000	1.000
6	基础处理工程	1.000	1.000	1.000	1.000	1.000
7	喷锚支护工程	1.000	1.000	1.000	1.000	1.000

15.2.5　项目地区

典型方案人工预算单价按一般地区选取，其他直接费取费按中南、华东地区考虑，人工预算单价和其他直接费取费地区不同时，在 13.3 节工程单价区间表中工程单价基础上，分别按表 15-13 和表 15-14 调整系数计算。

表 15-13　　人工预算单价地区调整

编号	项目名称	一般地区	一类地区	二类地区	三类地区	四类地区
1	土方工程	1.00	1.01	1.02	1.04	1.05
2	石方工程	1.00	1.03	1.05	1.08	1.11
3	砌石工程	1.00	1.06	1.12	1.19	1.25
4	混凝土工程	1.00	1.02	1.04	1.07	1.09
5	钢筋制作安装工程	1.00	1.01	1.02	1.04	1.05
6	基础处理工程	1.00	1.04	1.08	1.12	1.16
7	喷锚支护工程	1.00	1.03	1.05	1.09	1.11

表 15-14　　其他直接费地区调整

编号	项目名称	中南、华东	西南	华北	西北、东北、西藏
1	土方工程	1.000	1.005	1.009	1.023
2	石方工程	1.000	1.004	1.009	1.023
3	砌石工程	1.000	1.004	1.009	1.022
4	混凝土工程	1.000	1.004	1.009	1.022
5	钢筋制作安装工程	1.000	1.004	1.009	1.022
6	基础处理工程	1.000	1.005	1.009	1.023
7	喷锚支护工程	1.000	1.005	1.009	1.023

15.2.6　海拔高程

典型方案工程单价按高程 2000m 以下的一般地区考虑，项目海拔高程不同时，在 13.3 节工程单价区间表中工程单价基础上，按表 15-15 调整系数计算。

表 15-15　　海拔高程调整系数

编号	项目名称	2000m 以内	2000～2500m	2500～3000m	3000～3500m	3500～4000m
1	土方工程	1.00	1.24	1.33	1.43	1.52
2	石方工程	1.00	1.13	1.18	1.23	1.29
3	砌石工程	1.00	1.08	1.11	1.16	1.19
4	混凝土工程	1.00	1.04	1.06	1.08	1.09
5	钢筋制作安装工程	1.00	1.01	1.02	1.03	1.03
6	基础处理工程	1.00	1.02	1.04	1.05	1.06
7	喷锚支护工程	1.00	1.03	1.05	1.07	1.08

15.2.7 综合调整

工程单价需要多个差异调整的情况，首先调整断面尺寸差异，然后调整运距变化，以调整后的工程单价作为其他调整系数的基数。对于多个系数同时调整的情况，综合调整系数按各调整系数之和，减去调整系数个数加1计算。

第16章 工程示例

示例工程仅供参考，实际工程应做严格认真的分析。

16.1 单位造价指标

16.1.1 示例一

16.1.1.1 示例工程主要技术条件

某抽水蓄能电站位于内蒙古东部赤峰市境内，项目处于可行性研究阶段，装机规模4×300MW，建筑物构成包括主厂房洞、主变压器洞、母线洞、交通电缆洞、500kV电缆出线洞和排水廊道等，地下厂房洞室围岩以Ⅲ类为主，局部为Ⅳ类，各建筑物工程特征详见表16-1。电站上水库坝顶高程1599.20m，洞室岩石级别为Ⅺ～Ⅻ，价格水平为2016年下半年。

表16-1 示例一主要技术条件

编号	项目名称	工程特征	围岩类别
一	站址基本条件		
	围岩类别	洞室围岩主要以Ⅲ类为主，局部为Ⅳ类	
	岩性	流纹岩、熔岩角砾岩	
	地下水类型	基岩裂隙水	
二	土建尺寸		
	主厂房洞	总开挖尺寸为163.5m×24.5m×54.5m（长×宽×高）。主机间开挖尺寸为101.5m×24.5m×54.5m，安装场开挖尺寸为42.0m×24.5m×26.5m，副厂房开挖尺寸为24.5m×24.5m×47.5m	地下厂房上、下游边墙Ⅲ类围岩占84.7%，Ⅳ类围岩占15.3%。左、右端墙围岩以Ⅲ类为主
	主变压器洞	总开挖尺寸为151.4m×21.0m×22.0m（长×宽×高）	主变压器洞Ⅲ类围岩占84.7%，Ⅳ类围岩占15.3%
	母线洞	净尺寸为40.0m×8.5m×9.5m（长×宽×高），长度共160m	母线洞Ⅲ类围岩占84.7%，Ⅳ类围岩占15.3%
	交通电缆洞	净尺寸为40.0m×2.5m×6.0m（长×宽×高），为两层布置	交通洞洞室围岩以Ⅲ类为主，Ⅳ～Ⅴ类围岩约占30%～40%
	500kV电缆出线洞	出线支洞断面尺寸为5.5m×6.5m，洞长均为20m，中低压电缆支洞断面尺寸为4.0m×2.6m，洞长均20m，出线平洞尺寸为4.0m×7.0mm，洞长约411m，断面均为圆拱直墙形。出线竖井为圆角矩形断面，断面净尺寸为8.8m×8.8m（宽×高），出线竖井高度为98.2m	出线洞洞室围岩以Ⅲ类为主，Ⅳ～Ⅴ类围岩约占30%～40%
	排水廊道	净尺寸为4.0m×3.0m（宽×高），总长1620.0m	
	排风洞	排风上平洞连接排风竖井和排风机房，断面尺寸为7.0m×8.0m，全长300.4m。排风下平洞有两条平洞净断面4.8m×5.4m和8.0m×6.5m，长度分别为25m和32.3m。竖井净断面为圆形，内径为7m，长93.2m	
	地面开关站	地面开关站布置高程1160.0m，平台尺寸102m×63m	

16.1.1.2 方案选择与造价调整

（1）方案选择。

示例实际工程地下厂房洞室围岩以Ⅲ类为主，局部为Ⅳ类，对比11.2节单位造价指标汇总表，其主要围岩条件与通用造价典型方案五的相同，选择通用造价典型方案五为基础方案。

（2）二级项目单位造价指标选择和造价计算。

对比示例实际工程与11.2节单位造价指标汇总表中典型方案二级项目围岩条件，均采用典型方案五单位造价指标作为实际工程二级项目单位造价指标。各二级项目单位造价指标选取和造价计算见表16-2。

表 16-2 **示例一二级项目单位造价指标选取和造价计算**

序号	项目名称	通用造价指标					示例工程			
		单位	造价指标	典型方案二级项目特征		指标来源	计算式	投资（万元）	二级项目特征	
1	主厂房洞	元/m^3	715	开挖尺寸 208.00m×23.50m×53.40m（长×宽×高）。机组段总长 146m，安装间长 43.00m，主副厂房长 19.00m	Ⅲ类围岩为主局部为Ⅳ类断层破碎带为Ⅳ～Ⅴ类	典型方案五	715×163.5×24.5×54.5	15609	163.5m×24.5m×54.5m	地下厂房上、下游边墙Ⅲ类围岩占 84.7%，Ⅳ类围岩占 15.3%。左、右端墙围岩以Ⅲ类为主
2	主变压器洞	元/m^3	602	开挖尺寸 222.00m×19.00m×22.15m（长×宽×高）		典型方案五	602×151.4×21×22	4211	151.4m×21.0m×22.0m	主变压器洞Ⅲ类围岩占 84.7%，Ⅳ类围岩占 15.3%
3	母线洞	元/m^3	583	净断面 40m×9.4m×9.0m（长×宽×高），长度共 160m		典型方案五	583×4×40×8.5×9.5	753	4m×40.0m×8.5m×9.5m	母线洞Ⅲ类围岩占 84.7%，Ⅳ类围岩占 15.3%
4	交通电缆洞	元/m^3	1308	净尺寸为 40m×2.5m×6.0m		典型方案四	1308×40×2.5×6	78	40.0m × 2.5m × 6.0m	洞室围岩以Ⅲ类为主，Ⅳ～Ⅴ类围岩约占 30%～40%
5	500kV 电缆出线平洞	元/m^3	2343	平洞净断面 306m×6.8m×7.5m（长×宽×高），城门洞形，		典型方案五	2343×20×5.5×6.5＋20×4×2.6＋411×4×7	2913	20m×5.5m×6.5m；20m×4.0m×2.6m；411m×4m×7m	出线洞洞室围岩以Ⅲ类为主，Ⅳ～Ⅴ类围岩约占 30%～40%
6	500kV 电缆出线竖井	元/m^3	450	竖井净断面为圆形，长 90m，内部直径为 11m		典型方案五	450×98.2×8.8×8.8	342	98.2m×8.8m×8.8m	出线洞洞室围岩以Ⅲ类为主，Ⅳ～Ⅴ类围岩约占 30%～40%
7	排水廊道	元/m	8119	净断面 2.5m×3.50m（宽×高）		典型方案五	8119×1620	1315	1620.0m	
8	排风平洞	元/m^3	457	平洞净断面 265m×7.2m×6.9m（长×宽×高）		典型方案五	457×300.4×7×8＋25×4.8×5.4＋32.3×8×6.5	875	300.4m×7.0m×8m；25m×4.8m×5.4m；32.3m×8m×6.5m	
9	排风竖井	元/m^3	863	竖井净断面为圆形，长 185m，内部直径为 8m		典型方案五	863×3.5×3.5×3.14×93.2	309	内径为 7m，长 93.2m	
10	地面开关站	元/m^2	4473	地面开关站，平面尺寸 60m×200m（宽×长），户内 500kV GIS		典型方案五	4473×102×63	2874	平台尺寸 102m×63m	
	合计							29279		

（3）调整系数。

（a）岩石级别差异：示例实际工程方案岩性流纹岩、熔岩角砾岩，岩石级别为Ⅺ～Ⅻ，与通用造价典型方案岩石级别相同，不需调整。

（b）价格水平不同：按价格指数的权重法计算。示例实际工程价格水平为2016年下半年，按15.1.4节方法计算所得综合调整系数为0.993。

（c）项目地区差异：示例实际工程方案属华北地区，项目地区差异调整系数按15.1.5节方法计取，选择典型方案五调整系数为1.008。

（d）海拔高程：示例实际工程方案上水库坝顶高程1599.20m，海拔高程调整系数按15.1.6节方法计取，选择典型方案五调整系数1.0。

（e）设计阶段调整：项目处于可行性研究阶段，设计阶段调整系数按15.1.7节方法计取，选择调整系数1.0。

综合调整系数为：1＋1.008＋0.993＋1.0＋1.0－4＝1.001

（4）实际方案造价。

实际方案造价为调整后的基本方案造价乘以综合调整系数，经计算为29279×1.001＝29308万元。

16.1.2 示例二

16.1.2.1 示例工程主要技术条件

某抽水蓄能电站位于安徽省金寨县境内，项目处于可行性研究阶段，装机规模4×300MW，建筑物构成包括主厂房洞、主变压器洞、母线洞、交通电缆洞、500kV电缆出线洞、排水廊道和排水洞等，地下厂房洞室围岩以Ⅱ类为主，局部为Ⅲ类，各建筑物工程特征详见表16-3。电站上水库坝顶高程599.00m，洞室岩石级别为Ⅻ，价格水平为2013年二季度。

表16-3　示例二主要技术条件

编号	项目名称	工程特征	围岩类别
一	站址基本条件		
	围岩类别	围岩类别以Ⅱ～Ⅲ类为主，断层破碎带Ⅳ类	
	岩性	片麻岩	
	地下水类型	基岩裂隙性潜水和孔隙性潜水	
二	土建尺寸		
	主厂房洞	主厂房开挖尺寸176.3m×25m×56.5m	围岩以Ⅱ类为主，局部为Ⅲ类

续表

编号	项目名称	工程特征	围岩类别
	主变压器洞	主变洞开挖尺寸168m×19m×22.3m	围岩类别以Ⅱ为主，Ⅲ类次之，少量Ⅳ类
	母线洞	母线洞长40.00m，开挖断面为9.4m×9.0m	围岩类别以Ⅱ为主，Ⅲ类次之，少量Ⅳ类
	交通电缆洞	净尺寸为40.0m×2.5m×6.0m（长×宽×高），为两层布置	
	500kV电缆出线洞	出线洞开挖断面4m×5.5m（宽×高），长约825m	围岩为Ⅲ～Ⅱ类
	排水廊道	排水廊道断面均为2.5m×3.0m	
	排风洞	排风竖井高105m，直径6m	
	排水洞	排水洞长3065m，断面尺寸为2.5m×3.0m（宽×高）	
	地面开关站	场地地面高程为263.0m，场地尺寸为177m×35m（长×宽）	

16.1.2.2 方案选择与造价调整

（1）方案选择。

示例实际工程地下厂房洞室围岩以Ⅱ～Ⅲ类为主，对比11.2节单位造价指标汇总表，其主要技术条件与通用造价典型方案三的相同，选择通用造价典型方案三为基础方案。

（2）二级项目构成调整。

对比实际工程与典型方案三建筑物构成，示例实际工程增加了交通电缆洞工程，增加的交通电缆洞项目围岩类别与典型方案一工程类似，根据11.2节单位造价指标汇总表选择典型方案一交通电缆洞工程单位造价指标作为实际工程单位造价指标计算。

（3）二级项目单位造价指标选择和造价计算。

对比示例实际工程与11.2节单位造价指标汇总表中典型方案二级项目围岩条件，交通电缆洞选择典型方案一交通电缆洞工程单位造价指标作为实际工程单位造价指标，其余均采用典型方案三单位造价指标作为实际工程二级项目单位造价指标。各二级项目单位造价指标选取和造价计算见表16-4。

表 16-4　　　　　　示例二二级项目单位造价指标选取和造价计算

序号	项目名称	通用造价指标					示例工程			
		单位	造价指标	典型方案二级项目特征		指标来源	计算式	投资（万元）	二级项目特征	
1	主厂房洞	元/m^3	627	开挖尺寸 152.20m×24.70m×53.20m（长×宽×高）。机组段总长 91.45m，机组间距为 22.0m；安装间长 40.75m，主副厂房长 20.00m	Ⅱ类围岩占 84%，Ⅲ类围岩占 10%，Ⅳ～Ⅴ类围岩占 6%	方案三	627×176.3×25×56.5	15614	主厂房开挖尺寸 176.3m×25m×56.5m	围岩以Ⅱ类为主，局部为Ⅲ类
2	主变压器洞	元/m^3	516	开挖尺寸 126.26m×20.00m×21.30m（长×宽×高）	Ⅱ类围岩占 82%，Ⅲ类围岩占 14%，Ⅳ～Ⅴ类围岩占 4%	方案三	516×168×19×22.3	3673	主变压器洞开挖 168m×19m×22.3m	围岩类别以Ⅱ为主，Ⅲ类次之，少量Ⅳ类
3	母线洞	元/m^3	701	净断面 40m×8.0m×10.0m（长×宽×高）	Ⅱ类围岩占 85%，Ⅲ类围岩占 13%，Ⅳ～Ⅴ类围岩占 2%	方案三	701×4×40×9.4×9	949	4m×40.00m×9.4m×9.0m	围岩类别以Ⅱ为主，Ⅲ类次之，少量Ⅳ类
4	交通电缆洞	元/m^3	1324	40.0m×2.5m×6.0m		方案一	1324×40×2.5×6	79	40.0m×2.5m×6.0m	
5	500kV 电缆出线洞	元/m^3	883	平洞净断面 633.4m×7.5m×6.2m（长×宽×高），城门洞形；竖井高 110m，垂直布置在主变压器洞顶部，采用长方形，断面净空尺寸为 5.80m×8.70m（宽×长）		方案三	883×825×4×5.5	1603	825m×4m×5.5m	围岩为Ⅲ～Ⅱ类
6	排水廊道	元/m	8001	净断面 2239.4m×3.0m×3.30m（长×宽×高）		方案三	8001×2800	2240	2800m	
7	排风洞	元/m^3	925	兼主厂房上部第Ⅰ、Ⅱ层的施工支洞和主变压器洞顶拱开挖第Ⅰ层的施工支洞，平洞净断面 950m×6.0m×6.5m（长×宽×高），竖井无		方案三	925×3×3×3.14×105	274	高 105m，直径 6m	

续表

序号	项目名称	通用造价指标					示例工程			
		单位	造价指标	典型方案二级项目特征		指标来源	计算式	投资（万元）	二级项目特征	
8	排水洞	元/m³	595	自流排水洞全长约 4700m，城门洞形断面，净空尺寸 3.2m×3m（3.5m）		方案三	595×3065×2.5×3	1368	3065m × 2.5m × 3.0m	
9	地面开关站	元/m²	13551	地面开关站，中控楼平面尺寸为 34m×22m，开关楼平面尺寸 56.25m×16m（长×宽），出线平台平面尺寸 72.26m×45.80m（长×宽），户外 500kV GIS	岩性以花岗岩为主，基岩裸露，地表岩体多呈强～中等风化，地质构造较简单，未见断层出露，节理裂隙较发育	方案三	13551×177×35	8395	场地尺寸为 177m×35m	
合计								34195		

（4）调整系数。

（a）岩石级别差异：示例实际工程方案为片麻岩，岩石级别为Ⅺ～Ⅻ，与通用造价典型方案岩石级别相同，不需调整。

（b）项目地区差异：示例实际工程方案属华东地区，项目地区差异调整系数按 15.1.5 节方法计取，选择典型方案三调整系数为 1.0。

（c）价格水平不同：按价格指数的权重法计算。示例实际工程价格水平为 2013 年二季度，按 15.1.4 节方法计算所得综合调整系数为 0.969。

（d）海拔高程：示例实际工程方案上水库坝顶高程 599.0m，海拔高程调整系数按 15.1.6 节方法计取，选择典型方案五调整系数 1.0。

（e）设计阶段调整：项目处于可行性研究阶段，设计阶段调整系数按 15.1.7 节方法计取，选择调整系数 1.0。

综合调整系数为：1+1.0+0.969+1.0+1.0−4=0.969

（5）实际方案造价。

实际方案造价为调整后的基本方案造价乘以综合调整系数，经计算为 34195×0.969=33135 万元。

16.1.3 示例三

16.1.3.1 示例工程主要技术条件

某抽水蓄能电站位于四川省金川县，项目处于预可行性研究阶段，装机规模 4×300MW，建筑物构成包括主厂房洞、主变压器洞、母线洞、500kV 电缆出线洞、排水廊道和排水洞等，地下厂房洞室围岩以Ⅱ类为主，各建筑物工程特征详见表 16-5。电站上水库坝顶高程 2400m，洞室岩石级别为Ⅸ～Ⅹ，价格水平为 2019 年四季度。

表 16-5　　示例三主要技术条件

编号	项目名称	工程特征	备注
一	站址基本条件		
	围岩类别	地下厂房洞室围岩以Ⅱ类为主	
	地下水类型	基岩裂隙水	
二	土建尺寸		
	主厂房洞	开挖尺寸 170.00m×25.00m×54.00m（长×宽×高）	Ⅱ类围岩
	主变压器洞	开挖尺寸 116.00m×21.00m×25.00m（长×宽×高）	Ⅱ类围岩
	母线洞	净断面 39m×8.2m×9.0m（长×宽×高）	
	500kV 电缆出线洞	净断面 584m×4.0m×5.0m（长×宽×高），城门洞形	Ⅱ类围岩
	排水廊道	净断面 1700m×2.5m×3.00m（长×宽×高）	
	排水洞	自流排水洞全长约 3500m，城门洞形断面，净空尺寸 3.2m×3.5m	
	排风竖井	出线竖井断面净内径 7m，出线竖井高度为 100m	
	地面开关站	场地尺寸为 120m×35m（长×宽）	

16.1.3.2 方案选择与造价调整

（1）方案选择。

实际工程地下厂房洞室围岩以Ⅱ类为主，对比 11.2 节单位造价指标汇总表，其主要技术条件与通用造价典型方案二的相同，选择通用造价典型方案二为基础方案。

（2）二级项目构成调整。

对比实际工程与典型方案二建筑物构成，实际工程增加了排水洞。增加项目围岩类别与典型方案三排水洞类似，选择典型方案三排水洞单位造价指标作为实际工程单位造价指标，根据 11.2 节单位造价指标汇总表排水洞单位造价指标为 609 元/m^3，实际工程排水洞尺寸为 3500m×3.2m×3.5m，经计算排水洞投资为 2387 万元。

（3）二级项目尺寸调整。

对比示例实际工程与 11.2 节单位造价指标汇总表中典型方案二级项目围岩条件，排水洞选择典型方案三排水洞单位造价指标作为实际工程单位造价指标，其余均采用典型方案二单位造价指标作为实际工程二级项目单位造价指标。各二级项目单位造价指标选取和造价计算见表 16-6。

表 16-6　　示例三二级项目单位造价指标选取和造价计算

序号	项目名称	通用造价指标					示例工程			
		单位	造价指标	典型方案二级项目特征		指标来源	计算式	投资（万元）	二级项目特征	
1	主厂房洞	元/m^3	547	开挖尺寸 151.00m×24.00m×53.40m（长×宽×高）。机组段总长 91.5m；安装间长 35.50m，主副厂房长 24.00m	Ⅱ类围岩	典型方案二	547×170×25×54	12554	开挖尺寸 170.00m×25.00m × 54.00m（长×宽×高）	Ⅱ类围岩
2	主变压器洞	元/m^3	579	开挖尺寸 115.40m×20.00m×23.60m（长×宽×高）	Ⅱ类围岩	典型方案二	579×116×21×25	3526	开挖尺寸 116.00m×21.00m × 25.00m（长×宽×高）	Ⅱ类围岩
3	母线洞	元/m^3	603	净断面 39m×8.2m×9.0m（长×宽×高）	Ⅱ类围岩	典型方案二	603×39×8.2×9	174	净断面 39m×8.2m×9.0m（长×宽×高）	
4	500kV 电缆出线洞	元/m^3	651	净断面 584m × 4.0m × 5.0m（长×宽×高），城门洞形		典型方案二	651×584×4×5	760	净断面 584m ×4.0m×5.0m（长×宽×高），城门洞形	Ⅱ类围岩
5	排水廊道	元/m	6823	净断面 1610m×2.5m×3.00m（长×宽×高）		典型方案二	6823×1700	1160	净断面 1700m ×2.5m×3.00m（长×宽×高）	
6	排水洞	元/m^3	595	4700m×3.2m×3m（长×宽×高）		典型方案三	595×3500×3.2×3.5	2332	自流排水洞全长约 3500m，城门洞形断面，净空尺寸 3.2m×3.5m	

续表

序号	项目名称	通用造价指标					示例工程			
		单位	造价指标	典型方案二级项目特征		指标来源	计算式	投资（万元）	二级项目特征	
7	排风竖井	元/m^3	433	竖井净断面为圆形，长 194m，内部直径为 8m		典型方案二	433×3.5×3.5×3.14×100	167	出线竖井断面净内径 7m，出线竖井高度为 100m	
8	地面开关站	元/m^2	2147	地面开关站，平面尺寸 110m×74m（长×宽），户外 500kV GIS		典型方案二	2147×150×35	1127	场地尺寸为 120m×35m（长×宽）	
合计								21800		

（4）调整系数。

岩石级别调整系数按 15.1.3 节方法计取，选择典型方案二调整系数 0.962。

项目地处西南，项目地区差异调整系数按 15.1.5 节方法计取，选择典型方案二调整系数 1.003。

项目上水库坝顶高程 2400m，海拔高程调整系数按 15.1.6 节方法计取，选择典型方案二调整系数 1.05。

项目处于预可行性研究阶段，设计阶段调整系数按 15.1.7 节方法计取，选择典型方案二调整系数 1.07。

综合调整系数为：0.962＋1.003＋1.05＋1.07－3＝1.085

（5）实际方案造价。

实际方案造价为调整后的基本方案造价乘以综合调整系数，经计算为 21800×1.085＝ 23653 万元。

16.2 工程单价

16.2.1 示例一

16.2.1.1 示例工程主要技术条件

某抽水蓄能电站位于内蒙古东部赤峰市境内，项目处于可行性研究阶段，装机规模 4×300MW，建筑物构成包括主厂房洞、主变压器洞、母线洞、交通电缆洞、500kV 电缆出线洞和排水廊道等，地下厂房洞室围岩以Ⅲ类为主，局部为Ⅳ类，各建筑物工程特征详见表 16-7。电站上水库坝顶高程 1599.20m，洞室岩石级别为Ⅺ～Ⅻ，价格水平为 2016 年下半年。

表 16-7　　示例一主要技术条件

编号	项目名称	工程特征	围岩类别
一	站址基本条件		
	围岩类别	洞室围岩主要以Ⅲ类为主，局部为Ⅳ类	
	岩性	流纹岩、熔岩角砾岩	
	地下水类型	基岩裂隙水	
二	土建尺寸		
	主厂房洞	总开挖尺寸为 163.5m×24.5m×54.5m（长×宽×高）。主机间开挖尺寸为 101.5m×24.5m×54.5m，安装场开挖尺寸为 42.0m×24.5m×26.5m，副厂房开挖尺寸为 24.5m×24.5m×47.5m	地下厂房上、下游边墙Ⅲ类围岩占 84.7%，Ⅳ类围岩占 15.3%。左、右端墙围岩以Ⅲ类为主
	主变压器洞	总开挖尺寸为 151.4m×21.0m×22.0m（长×宽×高）	主变压器洞Ⅲ类围岩占 84.7%，Ⅳ类围岩占 15.3%
	母线洞	净尺寸为 40.0m×8.5m×9.5m（长×宽×高），长度共 160m	母线洞Ⅲ类围岩占 84.7%，Ⅳ类围岩占 15.3%
	交通电缆洞	净尺寸为 40.0m×2.5m×6.0m（长×宽×高），为两层布置	交通洞洞室围岩以Ⅲ类为主，Ⅳ～Ⅴ类围岩约占 30%～40%

续表

编号	项目名称	工程特征	围岩类别
	500kV 电缆出线洞	出线支洞断面尺寸为 5.5×6.5m，洞长均为 20m，中低压电缆支洞断面尺寸为 4.0m×2.6m，洞长均 20m，出线平洞尺寸为 4.0m×7.0mm，洞长约 411m，断面均为圆拱直墙形。出线竖井为圆角矩形断面，断面净尺寸为 8.8×8.8m（宽×高），出线竖井高度为 98.2m	出线洞洞室围岩以Ⅲ类为主，Ⅳ～Ⅴ类围岩约占 30%～40%
	排水廊道	净尺寸为 4.0m×3.0m（宽×高），总长 1620.0m	
	排风洞	排风上平洞连接排风竖井和排风机房，断面尺寸为 7.0m×8.0m，全长 300.4m。排风下平洞有两条平洞净断面 4.8m×5.4m 和 8.0m×6.5m，长度分别为 25m 和 32.3m。竖井净断面为圆形，内径为 7m，长 93.2m	
	地面开关站	地面开关站布置高程 1160.0m，平台尺寸 102×63m	

16.2.1.2　工程单价选择与调整

（1）项目阶段选择。

示例工程为可行性研究报告设计概算，对应通用造价第 13 章工程单价中项目阶段，选择概算水平的工程单价进行目标单价的测算。

（2）厂房石方开挖工程单价调整。

（a）基础单价选择。

示例工程厂房石方开挖采用三臂钻钻孔，光面爆破，$3m^3$ 侧卸式装载机装 20t 自卸汽车出渣。

对比 13.3 节概算水平工程单价，其特征及施工方法与厂房石方洞挖工程单价基本相同，选择其 104.93 元/m^3 为基础单价。

（b）断面尺寸调整。

示例工程总开挖尺寸为 163.5m×24.5m×54.5m（长×宽×高），与选择的基础单价断面尺寸差异不大，不进行调整。

（c）运距调整。

示例工程石方开挖石渣洞内运距 1.5km，洞外运距 1km，上项选择的基础单价石渣洞内运距 2.0km，洞外综合运距 2.0km。根据表 15-7 运距调整工程单价区间表第 4 项“石方运输（$3m^3$ 装载机装 15t 自卸车 洞内每增运 0.2km）”及第 5 项“石方运输（$3m^3$ 装载机装 15t 自卸车 洞外每增运 0.5km）”，调整后单价为 104.93＋洞内运输（1.5～2）km×(0.67 元/0.2km)＋洞外运输（1～2.0）km×(1.32 元/0.5km)＝100.62 元/m^3。

（d）调整系数。

根据项目所处阶段，以 13.3 节工程单价区间表为基础，合理选择岩石级别、价格水平、项目地区、海拔高程等影响工程单价的主要因素，形成目标单价。调整系数计算详见表 16-8。其中，价格水平根据水电水利规划设计总院发布的价格指数，选取示例项目所处区域的价格指数（定基）计算。

表 16-8　　石方开挖工程单价调整系数计算

序号	调价因素	通用造价工程特征	示例工程特征	采用参数来源及计算式	选定参数
1	岩石级别差异	Ⅺ～Ⅻ级	Ⅺ～Ⅻ级	不需调整	1
2	价格水平不同	2019 年四季度	2016 年下半年	价格指数查询“可再生能源工程造价信息网”	0.94
3	项目地区差异				
3.1	人工预算单价地区调整	一般地区	位于内蒙古自治区克什克腾旗芝瑞镇境内，属二类工资区	按表 15-13 人工预算单价地区调整	1.05
3.2	其他直接费地区调整	中南、华东地区	属华北地区	按表 15-14 其他直接费地区调整	1.009
4	海拔高程	2000m 以下	2000m 以下	按表 15-15 海拔高程调整系数	1
	综合调整系数	1＋0.94＋1.05＋1.009＋1－4＝0.999			

（e）调整后的工程单价。

石方开挖工程单价＝100.62×0.999＝100.52 元/m^3

附录　单价分析表

1. 土方开挖 2km

建筑工程单价表

项目：土方开挖 2km

定额编号：10253×1，10598×1　　定额单位：$100m^3$

施工方法：118kW 推土机剥离集料，$3m^3$ 装载机装土，15t 自卸出渣，运距 2.0km。

单价：15.60 元　　单位：m^3

编号	名称及规格	单位	数量	单价（元）	合价（元）
一	直接费				1180.64
1	基本直接费				1105.99
(1)	人工费				18.13
	普工	工时	3.70	4.90	18.13
(2)	材料费				43.00
	零星材料费	元	43.00	1.00	43.00
(3)	机械使用费				1044.86
	轮式装载机 $3m^3$	台时	0.65	216.58	140.78
	推土机功率 74kW	台时	0.22	133.91	29.46
	推土机功率 118kW	台时	1.13	199.28	225.19
	自卸汽车柴油型　15t	台时	3.83	168.78	646.43
	其他机械使用费	元	3.00	1.00	3.00
2	其他直接费	%	6.75		74.65
二	间接费	%	13.30		157.03
三	利润	%	7.00		93.64
四	价差	元			
五	税金	%	9.00		128.82
	合计				1560.12

2. 土方开挖 1.5km

建筑工程单价表

项目：土方开挖 1.5km

定额编号：10253×1，10597×0.5，10598×0.5　　定额单位：$100m^3$

施工方法：118kW 推土机剥离集料，$3m^3$ 装载机装土，15t 自卸出渣，运距 1.5km。

单价：14.57 元　　单位：m^3

编号	名称及规格	单位	数量	单价（元）	合价（元）
一	直接费				1102.27
1	基本直接费				1032.57
(1)	人工费				18.14
	普工	工时	3.70	4.90	18.13
(2)	材料费				43.00
	零星材料费	元	43.00	1.00	43.00
(3)	机械使用费				971.43
	轮式装载机 $3m^3$	台时	0.65	216.58	140.78
	推土机功率 74kW	台时	0.22	133.91	29.46
	推土机功率 118kW	台时	1.13	199.28	225.19
	自卸汽车柴油型　15t	台时	3.40	168.78	573.01
	其他机械使用费	元	3.00	1.00	3.00
2	其他直接费	%	6.75		69.70
二	间接费	%	13.30		146.60
三	利润	%	7.00		87.42
四	价差	元			
五	税金	%	9.00		120.27
	合计				1456.56

3. 厂房洞挖

建筑工程单价表

项目：厂房洞挖

定额编号：20943×0.34，20953×0.66　　　　定额单位：$100m^3$

施工方法：34%采用三臂液压凿岩台车钻孔，66%采用ROC712液压履带钻机钻孔，$3.1m^3$ 装载机装20t自卸汽车运输至渣场。洞内运距2.0km，洞外运距2.6km。

单价：104.93元　　　　单位：m^3

编号	名称及规格	单位	数量	单价（元）	合价（元）
一	直接费				6989.35
1	基本直接费				6547.40
(1)	人工费				805.15
	高级熟练工	工时	6.98	10.26	71.61
	熟练工	工时	29.22	7.61	222.36
	半熟练工	工时	38.56	5.95	229.43
	普工	工时	57.50	4.90	281.75
(2)	材料费				1693.27
	乳化炸药	kg	119.80	6.80	814.62
	非电毫秒雷管	个	71.18	2.26	160.87
	导爆管	m	416.72	0.88	366.71
	钻头 ϕ45～48	个	0.25	80.00	19.68
	钻头 ϕ64～102	个	0.23	550.00	127.05
	钻头 ϕ100～102	个	0.01	680.00	9.25
	合金钻头	个	0.27	50.00	13.59
	钻杆	kg	2.88	14.00	40.30
	风钻钻杆	kg	0.05	7.00	0.36
	液压潜孔钻钻杆	kg	1.00	35.76	35.87
	钻杆（潜孔钻）	kg	0.02	32.14	0.55
	其他材料费	元	104.42	1.00	104.42
(3)	机械使用费				1463.54
	单斗挖掘机液压 $0.6m^3$	台时	0.83	137.27	113.44
	风钻手持式	台时	5.45	25.40	138.41
	风钻气腿式	台时	1.66	36.14	59.99
	潜孔钻低风压100型	台时	0.11	103.61	10.92
	液压履带钻机孔径64～102mm	台时	1.91	187.74	359.33

续表

编号	名称及规格	单位	数量	单价（元）	合价（元）
	凿岩台车液压三臂	台时	0.85	710.15	605.33
	液压平台车	台时	0.31	173.93	54.51
	载重汽车 5t	台时	0.46	140.45	64.61
	其他机械使用费	元	57.00	1.00	57.00
(4)	石运主副厂房安装间洞内2km洞外2.6km	m^3	69.30	24.97	1730.42
	石运顶拱主副厂房安装间洞内2km洞外2.0km	m^3	35.70	23.95	855.02
2	其他直接费	%	6.75		441.95
二	间接费	%	22.40		1565.61
三	利润	%	7.00		598.85
四	价差	元			473.21
五	税金	%	9.00		866.43
	合计				10493.45

4. 主变压器室洞挖

建筑工程单价表

项目：主变压器室洞挖

定额编号：20953×0.5，20943×0.5　　　　定额单位：$100m^3$

施工方法：50%采用三臂凿岩台车，$3m^3$ 装载机装15t自卸汽车，洞内运距2.0km，洞外运距2.0km。50%采用ROC712液压钻钻孔，$3m^3$ 装载机装15t自卸汽车，洞内运50%采用三臂凿岩台车，$3m^3$ 装载机装15t自卸汽车，洞内运距2.0km，洞外运距2.0km。50%采用ROC712液压钻钻孔，$3m^3$ 装载机装15t自卸汽车，洞内运距2.0km，洞外运距2.6km。

单价：100.16元　　　　单位：m^3

编号	名称及规格	单位	数量	单价（元）	合价（元）
一	直接费				6658.11
1	基本直接费				6237.11
(1)	人工费				744.71
	高级熟练工	工时	6.50	10.26	66.69
	熟练工	工时	26.50	7.61	201.67
	半熟练工	工时	36.00	5.95	214.20

续表

编号	名称及规格	单位	数量	单价（元）	合价（元）
	普工	工时	53.50	4.90	262.15
（2）	材料费				1638.22
	乳化炸药	kg	118.77	6.80	807.64
	非电毫秒雷管	个	67.50	2.26	152.55
	导爆管	m	394.00	0.88	346.72
	钻头 ϕ45～48	个	0.31	80.00	24.80
	钻头 ϕ64～102	个	0.18	550.00	96.25
	钻头 ϕ100～102	个	0.02	680.00	13.60
	合金钻头	个	0.24	50.00	11.75
	钻杆	kg	3.57	14.00	49.91
	风钻钻杆	kg	0.08	7.00	0.53
	液压潜孔钻钻杆	kg	0.76	35.76	27.18
	钻杆（潜孔钻）	kg	0.03	32.14	0.80
	其他材料费	元	106.50	1.00	106.50
（3）	机械使用费				1518.45
	单斗挖掘机液压 0.6m^3	台时	0.82	137.27	112.56
	风钻手持式	台时	4.23	25.40	107.44
	风钻气腿式	台时	1.66	36.14	59.99
	潜孔钻低风压 100 型	台时	0.16	103.61	16.06
	液压履带钻机孔径 64～102mm	台时	1.45	187.74	272.22
	凿岩台车液压三臂	台时	1.07	710.15	759.86
	液压平台车	台时	0.40	173.93	68.70
	载重汽车 5t	台时	0.46	140.45	64.61
	其他机械使用费	元	57.00	1.00	57.00
（4）	石运主变压器室洞内 2km 洞外 2.6km	m^3	52.50	23.65	1241.63
	石运 3m^3 装载机 15t 洞内 2km 洞外 2km	m^3	52.50	20.84	1094.10
2	其他直接费	%	6.75		421.00
二	间接费	%	22.40		1491.42
三	利润	%	7.00		570.47
四	价差	元			469.14
五	税金	%	9.00		827.02
	合计				10016.16

5. 母线洞洞挖

建 筑 工 程 单 价 表

项目：母线洞洞挖

定额编号：20454×0.25，20459×0.75　　定额单位：100m^3

施工方法：三臂凿岩台车钻孔爆破，3m^3 装载机装 15t 自卸汽车运输出渣，洞内运距 2.0km，洞外运距 2.6km。

单价：119.92 元　　单位：m^3

编号	名称及规格	单位	数量	单价（元）	合价（元）
一	直接费				7978.59
1	基本直接费				7474.09
（1）	人工费				607.86
	高级熟练工	工时	6.00	10.26	61.56
	熟练工	工时	21.00	7.61	159.81
	半熟练工	工时	33.25	5.95	197.84
	普工	工时	38.50	4.90	188.65
（2）	材料费				2000.80
	乳化炸药	kg	139.90	6.80	951.34
	非电毫秒雷管	个	85.25	2.26	192.67
	导爆管	m	489.00	0.88	430.32
	钻头 ϕ45～48	个	0.66	80.00	52.40
	钻头 ϕ100～102	个	0.13	680.00	86.70
	钻杆	kg	8.47	14.00	118.62
	其他材料费	元	168.75	1.00	168.75
（3）	机械使用费				2287.58
	单斗挖掘机液压 0.6m^3	台时	1.07	137.27	146.19
	凿岩台车液压三臂	台时	2.61	710.15	1849.94
	液压平台车	台时	0.97	173.93	167.84
	载重汽车 5t	台时	0.47	140.45	66.36
	其他机械使用费	元	57.25	1.00	57.25
（4）	石运 3m^{3}装载机 15t 洞内 2km 洞外 2.6km	m^3	28.00	23.65	662.20

续表

编号	名称及规格	单位	数量	单价（元）	合价（元）
	石运 $3m^3$装载机 15t 洞内 2km 洞外 2.6km	m^3	81.00	23.65	1915.65
2	其他直接费	%	6.75		504.50
二	间接费	%	22.40		1787.20
三	利润	%	7.00		683.61
四	价差	元			552.64
五	税金	%	9.00		990.18
	合计				11992.22

6. 排水廊道

建筑工程单价表

项目：排水廊道

定额编号：20409×1　　定额单位：$100m^3$

施工方法：气腿钻钻孔，扒渣机装小型机动翻斗车运渣，小断面洞内运 0.6km，之后倒运一次，15t 自卸汽车出渣，洞内运距 2.0km，洞外运距 2.6km。

单价：268.91 元　　单位：m^3

编号	名称及规格	单位	数量	单价（元）	合价（元）
一	直接费				18339.94
1	基本直接费				17180.27
(1)	人工费				5591.61
	高级熟练工	工时	43.00	10.26	441.18
	熟练工	工时	173.00	7.61	1316.53
	半熟练工	工时	324.00	5.95	1927.80
	普工	工时	389.00	4.90	1906.10

续表

编号	名称及规格	单位	数量	单价（元）	合价（元）
(2)	材料费				2707.07
	乳化炸药	kg	164.78	6.80	1120.50
	非电毫秒雷管	发	212.00	2.26	479.12
	导爆管	m	424.00	0.88	373.12
	合金钻头	个	9.58	50.00	479.00
	风钻钻杆	kg	6.19	7.00	43.33
	其他材料费	元	212.00	1.00	212.00
(3)	机械使用费				3923.39
	风钻气腿式	台时	99.09	36.14	3581.11
	修钎设备	台时	1.22	170.05	207.46
	载重汽车 5t	台时	0.49	140.45	68.82
	其他机械使用费	元	66.00	1.00	66.00
(4)	石运小洞径洞内倒运，洞内 2km 洞外 2.6km	m^3	130.00	38.14	4958.20
2	其他直接费	%	6.75		1159.67
二	间接费	%	22.40		4108.15
三	利润	%	7.00		1571.37
四	价差	元			650.88
五	税金	%	9.00		2220.33
	合计				26890.66

7. 低压电缆洞洞挖

建筑工程单价表

项目：低压电缆洞洞挖

定额编号：20414×1　　　　定额单位：100m³

施工方法：气腿钻钻爆，3m³ 装载机装 15t 自卸汽车出渣，洞内运距 2.0km，洞外运距 2.6km。

单价：190.24 元　　　　单位：m³

编号	名称及规格	单位	数量	单价（元）	合价（元）
一	直接费				12848.46
1	基本直接费				12036.03
(1)	人工费				4096.54
	高级熟练工	工时	32.00	10.26	328.32
	熟练工	工时	127.00	7.61	966.47
	半熟练工	工时	237.00	5.95	1410.15
	普工	工时	284.00	4.90	1391.60
(2)	材料费				2245.65
	乳化炸药	kg	158.36	6.80	1076.85
	非电毫秒雷管	发	155.00	2.26	350.30
	导爆管	m	309.00	0.88	271.92
	合金钻头	个	7.00	50.00	350.00
	风钻钻杆	kg	7.94	7.00	55.58
	其他材料费	元	141.00	1.00	141.00
(3)	机械使用费				2808.54
	风钻手持式	台时	10.85	25.40	275.59
	风钻气腿式	台时	61.51	36.14	2222.97
	修钎设备	台时	1.13	170.05	192.16
	载重汽车 5t	台时	0.49	140.45	68.82
	其他机械使用费	元	49.00	1.00	49.00
(4)	石运 3m³装载机 15t 洞内 2km 洞外 2.6km	m³	122.00	23.65	2885.30
2	其他直接费	%	6.75		812.43
二	间接费	%	22.40		2878.06
三	利润	%	7.00		1100.86
四	价差	元			625.52
五	税金	%	9.00		1570.76
	合计				19023.65

8. 排风竖井洞挖

建筑工程单价表

项目：排风竖井洞挖

定额编号：20873×0.9，20869×0.1　　　　定额单位：100m³

施工方法：反井钻机打导井，风钻扩挖至 3m 溜渣井，3m³ 装载机装 15t 自卸汽车出渣，洞内运距 2.0km，洞外运距 2.6km。反井钻机就位、钻导孔、接反拉钻头、风钻钻孔、光面爆破、安全处理、翻渣、清面、修整等。

单价：253.38 元　　　　单位：m³

编号	名称及规格	单位	数量	单价（元）	合价（元）
一	直接费				17319.42
1	基本直接费				16224.28
(1)	人工费				3569.80
	高级熟练工	工时	26.20	10.26	268.81
	熟练工	工时	108.90	7.61	828.73
	半熟练工	工时	210.20	5.95	1250.69
	普工	工时	249.30	4.90	1221.57
(2)	材料费				5516.29
	乳化炸药	kg	142.52	6.80	969.16
	非电毫秒雷管	个	121.30	2.26	274.14
	导爆管	m	364.80	0.88	321.02
	合金钻头	个	8.46	50.00	422.85
	风钻钻杆	kg	6.29	7.00	44.05
	综合水价	m³	21.90	2.84	62.20
	综合水价	m³	99.00	2.84	281.16
	导孔钻头 ϕ216mm	个	0.02	4000.00	88.00
	扩孔钻头体 ϕ1400mm	个	0.01	90000.00	990.00
	普通钻杆 ϕ182mm	m	0.14	400.00	56.80
	滚刀	把	0.12	12500.00	1500.00
	其他材料费	元	506.90	1.00	506.90
(3)	机械使用费				4477.56
	风钻手持式	台时	34.03	25.40	864.34
	风钻气腿式	台时	14.59	36.14	527.25
	反井钻机 LM-200	台时	8.11	262.22	2125.82
	修钎设备	台时	1.13	170.05	192.50
	泥浆泵功率 100kW	台时	3.88	126.07	489.53
	载重汽车 5t	台时	0.60	140.45	84.69
	潜水泵功率 3～5kW	台时	8.11	14.83	120.23

续表

编号	名称及规格	单位	数量	单价（元）	合价（元）
	其他机械使用费	元	73.20	1.00	73.20
(4)	石运 $3m^3$装载机 15t 洞内 2km 洞外 2.6km	m^3	112.50	23.65	2660.63
2	其他直接费	%	6.75		1095.14
二	间接费	%	22.40		3879.55
三	利润	%	7.00		1483.93
四	价差	元			562.99
五	税金	%	9.00		2092.13
	合计				25338.02

9. 排风竖井明挖

建筑工程单价表

项目：排风竖井明挖

定额编号：20003×1　　　　定额单位：$100m^3$

施工方法：风钻钻爆，推土机集渣，用 $3m^3$ 挖掘机装 15t 自卸汽车运输出渣，运距 2.6km。

单价：42.36 元　　　　单位：m^3

编号	名称及规格	单位	数量	单价（元）	合价（元）
一	直接费				2862.98
1	基本直接费				2681.95
(1)	人工费				517.49
	高级熟练工	工时	2.00	10.26	20.52
	熟练工	工时	12.00	7.61	91.32
	半熟练工	工时	13.00	5.95	77.35
	普工	工时	67.00	4.90	328.30
(2)	材料费				543.23
	乳化炸药	kg	34.68	6.80	235.82
	非电毫秒雷管	发	26.06	2.26	58.90
	电雷管	发	5.29	1.87	9.89
	导爆管	m	109.00	0.88	95.92

续表

编号	名称及规格	单位	数量	单价（元）	合价（元）
	导电线	m	130.00	0.40	52.00
	合金钻头	个	1.29	50.00	64.50
	风钻钻杆	kg	0.60	7.00	4.20
	其他材料费	元	22.00	1.00	22.00
(3)	机械使用费				230.75
	风钻手持式	台时	6.02	25.40	152.91
	修钎设备	台时	0.15	170.05	25.51
	载重汽车 5t	台时	0.28	140.45	39.33
	其他机械使用费	元	13.00	1.00	13.00
(4)	石运交通及主变压器交通支明挖 2.6km	m^3	104.00	13.37	1390.48
2	其他直接费	%	6.75		181.03
二	间接费	%	22.40		641.31
三	利润	%	7.00		245.30
四	价差	元			136.99
五	税金	%	9.00		349.79
	合计				4236.37

10. 出线平洞洞挖一

建筑工程单价表

项目：出线平洞洞挖一

定额编号：20414×0.6，20419×0.4　　定额单位：100m³

施工方法：风钻钻爆，由 2m³ 装载机装 10t 自卸汽车出渣，洞内运距 2.2km，洞外运距 2.6km。

单价：178.25 元　　单位：m³

编号	名称及规格	单位	数量	单价（元）	合价（元）
一	直接费				12025.42
1	基本直接费				11265.03
(1)	人工费				3614.65
	高级熟练工	工时	28.40	10.26	291.38
	熟练工	工时	111.80	7.61	850.80
	半熟练工	工时	209.00	5.95	1243.55
	普工	工时	250.80	4.90	1228.92
(2)	材料费				2075.39
	乳化炸药	kg	152.80	6.80	1039.01
	非电毫秒雷管	发	136.60	2.26	308.72
	导爆管	m	272.60	0.88	239.89
	合金钻头	个	6.18	50.00	308.80
	风钻钻杆	kg	6.40	7.00	44.77
	其他材料费	元	134.20	1.00	134.20
(3)	机械使用费				2481.75
	风钻手持式	台时	9.57	25.40	243.18
	风钻气腿式	台时	54.29	36.14	1961.90
	修钎设备	台时	0.95	170.05	162.23
	载重汽车 5t	台时	0.49	140.45	68.26
	其他机械使用费	元	46.20	1.00	46.20
(4)	石运 2m³ 装载机 10t 洞内 2.2km 洞外 2.6km	m³	119.20	25.95	3093.24
2	其他直接费	%	6.75		760.39
二	间接费	%	22.40		2693.69
三	利润	%	7.00		1030.34
四	价差	元			603.56
五	税金	%	9.00		1471.77
	合计				17824.78

11. 出线竖井洞挖

建筑工程单价表

项目：出线竖井洞挖

定额编号：20877×0.62，20881×0.38　　定额单位：100m³

施工方法：反井钻机打导井，风钻扩挖至 3m 溜渣井，3m³ 装载机装 15t 自卸汽车出渣，洞内运距 2.2km，洞外运距 2.6km。

单价：195.47 元　　单位：m³

编号	名称及规格	单位	数量	单价（元）	合价（元）
一	直接费				13302.06
1	基本直接费				12460.95
(1)	人工费				3367.57
	高级熟练工	工时	25.62	10.26	262.86
	熟练工	工时	103.48	7.61	787.48
	半熟练工	工时	196.58	5.95	1169.65
	普工	工时	234.20	4.90	1147.58
(2)	材料费				3758.57
	乳化炸药	kg	129.43	6.80	880.10
	非电毫秒雷管	个	118.86	2.26	268.62
	导爆管	m	355.96	0.88	313.24
	合金钻头	个	8.26	50.00	412.77
	风钻钻杆	kg	6.14	7.00	43.01
	综合水价	m³	61.98	2.84	176.02
	导孔钻头 ϕ216mm	个	0.01	4000.00	40.00
	扩孔钻头体 ϕ1400mm	个	0.01	90000.00	558.00
	普通钻杆 ϕ182mm	m	0.07	400.00	27.44
	滚刀	把	0.06	12500.00	732.50
	其他材料费	元	306.86	1.00	306.86
(3)	机械使用费				2804.16
	风钻手持式	台时	26.56	25.40	674.72
	风钻气腿式	台时	11.38	36.14	411.42

续表

编号	名称及规格	单位	数量	单价（元）	合价（元）
	反井钻机 LM-200	台时	4.17	262.22	1092.20
	修钎设备	台时	1.11	170.05	188.52
	泥浆泵功率 100kW	台时	1.99	126.07	251.23
	载重汽车 5t	台时	0.53	140.45	75.11
	潜水泵功率 3～5kW	台时	4.17	14.83	61.77
	其他机械使用费	元	49.20	1.00	49.20
（4）	石运 $3m^3$ 装载机 15t 洞内 2.2km 洞外 2.6km	m^3	108.24	23.38	2530.65
2	其他直接费	%	6.75		841.11
二	间接费	%	22.40		2979.66
三	利润	%	7.00		1139.72
四	价差	元			511.25
五	税金	%	9.00		1613.94
	合计				19546.64

12. 地面开关站明挖

建 筑 工 程 单 价 表

项目：地面开关站明挖

定额编号：20028×1　　　　定额单位：$100m^3$

施工方法：潜孔钻机钻爆，推土机集渣，用 $3m^3$ 挖掘机装 15t 自卸汽车运输出渣，运距 1.5km。

单价：37.90 元　　　　单位：m^3

编号	名称及规格	单位	数量	单价（元）	合价（元）
一	直接费				2510.46
1	基本直接费				2351.72
（1）	人工费				273.97
	高级熟练工	工时	1.00	10.26	10.26
	熟练工	工时	6.00	7.61	45.66
	半熟练工	工时	7.00	5.95	41.65
	普工	工时	36.00	4.90	176.40

续表

编号	名称及规格	单位	数量	单价（元）	合价（元）
（2）	材料费				567.63
	乳化炸药	kg	47.94	6.80	325.99
	电雷管	发	8.40	1.87	15.71
	导电线	m	49.00	0.40	19.60
	导爆索	m	23.00	3.19	73.37
	合金钻头	个	0.11	50.00	5.50
	潜孔钻钻头 100 型	个	0.19	340.00	64.60
	风钻钻杆	kg	0.06	7.00	0.42
	钻杆	kg	0.45	13.77	6.20
	冲击器	套	0.02	1712.00	34.24
	其他材料费	元	22.00	1.00	22.00
（3）	机械使用费				346.22
	风钻手持式	台时	1.38	25.40	35.05
	潜孔钻低风压 100 型	台时	2.45	103.61	253.84
	载重汽车 5t	台时	0.28	140.45	39.33
	其他机械使用费	元	18.00	1.00	18.00
（4）	石运 $3m^3$ 挖掘机 15t 运 1.5km	m^3	103.00	11.30	1163.90
2	其他直接费	%	6.75		158.74
二	间接费	%	22.40		562.34
三	利润	%	7.00		215.10
四	价差	元			189.36
五	税金	%	9.00		312.95
	合计				3790.21

13. 排风机平台石方明挖

建筑工程单价表

项目：排风机平台石方明挖

定额编号：20028×1　　定额单位：100m³

施工方法：风钻钻爆，推土机集渣，用 3m³ 挖掘机装 15t 自卸汽车运输出渣，运距 2.0km。

单价：41.42 元　　单位：m³

编号	名称及规格	单位	数量	单价（元）	合价（元）
一	直接费				2756.75
1	基本直接费				2582.44
(1)	人工费				273.97
	高级熟练工	工时	1.00	10.26	10.26
	熟练工	工时	6.00	7.61	45.66
	半熟练工	工时	7.00	5.95	41.65
	普工	工时	36.00	4.90	176.40
(2)	材料费				567.63
	乳化炸药	kg	47.94	6.80	325.99
	电雷管	发	8.40	1.87	15.71
	导电线	m	49.00	0.40	19.60
	导爆索	m	23.00	3.19	73.37
	合金钻头	个	0.11	50.00	5.50
	潜孔钻钻头 100 型	个	0.19	340.00	64.60
	风钻钻杆	kg	0.06	7.00	0.42
	钻杆	kg	0.45	13.77	6.20
	冲击器	套	0.02	1712.00	34.24
	其他材料费	元	22.00	1.00	22.00
(3)	机械使用费				346.22
	风钻手持式	台时	1.38	25.40	35.05
	潜孔钻低风压 100 型	台时	2.45	103.61	253.84
	载重汽车 5t	台时	0.28	140.45	39.33

续表

编号	名称及规格	单位	数量	单价（元）	合价（元）
	其他机械使用费	元	18.00	1.00	18.00
(4)	石运 3m³装载机 15t　洞外 2.0km	m³	103.00	13.54	1394.62
2	其他直接费	%	6.75		174.31
二	间接费	%	22.40		617.51
三	利润	%	7.00		236.20
四	价差	元			189.36
五	税金	%	9.00		341.98
	合计				4141.81

14. 排水洞竖井开挖

建筑工程单价表

项目：排水洞竖井开挖

定额编号：20873×0.5，20869×0.5　　定额单位：100m³

施工方法：反井钻机打导，风钻扩挖至 3m 溜渣井，3m³ 装载机装 15t 自卸汽车出渣，洞内运距 2.0km，洞外运距 2.6km。

单价：289.95 元　　单位：m³

编号	名称及规格	单位	数量	单价（元）	合价（元）
一	直接费				19878.74
1	基本直接费				18621.77
(1)	人工费				3702.85
	高级熟练工	工时	27.00	10.26	277.02

续表

编号	名称及规格	单位	数量	单价（元）	合价（元）
	熟练工	工时	112.50	7.61	856.13
	半熟练工	工时	219.00	5.95	1303.05
	普工	工时	258.50	4.90	1266.65
（2）	材料费				6702.02
	乳化炸药	kg	143.38	6.80	974.98
	非电毫秒雷管	个	122.50	2.26	276.85
	导爆管	m	368.00	0.88	323.84
	合金钻头	个	8.53	50.00	426.25
	风钻钻杆	kg	6.35	7.00	44.42
	综合水价	m^3	109.50	2.84	310.98
	综合水价	m^3	55.00	2.84	156.20
	导孔钻头 ϕ216mm	个	0.03	4000.00	120.00
	扩孔钻头体 ϕ1400mm	个	0.02	90000.00	1350.00
	普通钻杆 ϕ182mm	m	0.19	400.00	76.00
	滚刀	把	0.16	12500.00	2000.00
	其他材料费	元	642.50	1.00	642.50
（3）	机械使用费				5508.97
	风钻手持式	台时	34.31	25.40	871.35
	风钻气腿式	台时	14.71	36.14	531.44
	反井钻机 LM-200	台时	11.06	262.22	2898.84
	修钎设备	台时	1.14	170.05	193.86
	泥浆泵功率 100kW	台时	5.30	126.07	667.54
	载重汽车 5t	台时	0.66	140.45	91.99
	潜水泵功率 3～5kW	台时	11.06	14.83	163.95
	其他机械使用费	元	90.00	1.00	90.00
（4）	石运 $3m^3$装载机 15t 洞内 2km 洞外 2.6km	m^3	114.50	23.65	2707.93
2	其他直接费	%	6.75		1256.97
二	间接费	%	22.40		4452.84
三	利润	%	7.00		1703.21
四	价差	元			566.39
五	税金	%	9.00		2394.11
	合计				28995.28

15. 土石方回填

建筑工程单价表

项目：土石方回填

定额编号：30229×0.6，30079×0.4　　　　定额单位：$100m^3$

施工方法：40%利用开挖料填筑，60%倒运 $3m^3$ 装载机装 15t 自卸汽车运输，运距 1.0km，振动碾碾压。

单价：11.37 元　　　　单位：m^3

编号	名称及规格	单位	数量	单价（元）	合价（元）
一	直接费				796.23
1	基本直接费				745.88
（1）	人工费				24.88
	熟练工	工时	0.30	7.61	2.28
	半熟练工	工时	0.80	5.95	4.76
	普工	工时	3.64	4.90	17.84
（2）	材料费				38.80
	其他材料费	元	38.80	1.00	38.80
（3）	机械使用费				682.20
	轮式装载机 $3m^3$	台时	0.66	216.58	142.94
	推土机功率 74kW	台时	0.59	133.91	78.74
	推土机功率 132kW	台时	0.12	228.71	28.36
	振动碾自行式重量 17t	台时	0.17	244.87	40.65
	蛙式夯实机功率 2.8kW	台时	1.06	15.78	16.70
	自卸汽车柴油型　15t	台时	2.18	168.78	368.62
	其他机械使用费	元	6.20	1.00	6.20
2	其他直接费	%	6.75		50.35
二	间接费	%	22.40		178.35
三	利润	%	7.00		68.22
四	价差	元			
五	税金	%	9.00		93.85
	合计				1136.65

16. 排风平洞洞挖

建筑工程单价表

项目：排风平洞洞挖

定额编号：20449×0.54，20454×0.06，20409×0.4　　定额单位：100m³

施工方法：采用三臂凿岩台车钻孔爆破，由 3m³ 装载机装 15t 自卸汽车出渣，洞内运距 2.0km，洞外运距 2.6km。钻孔、光面爆破、安全处理、翻渣、清面、修整等。

单价：185.48 元　　单位：m³

编号	名称及规格	单位	数量	单价（元）	合价（元）
一	直接费				12510.30
1	基本直接费				11719.25
(1)	人工费				2636.88
	高级熟练工	工时	20.80	10.26	213.41
	熟练工	工时	82.88	7.61	630.72
	半熟练工	工时	151.62	5.95	902.14
	普工	工时	181.76	4.90	890.62
(2)	材料费				2338.24
	乳化炸药	kg	159.97	6.80	1087.76
	非电毫秒雷管	发	84.80	2.26	191.65
	非电毫秒雷管	个	57.00	2.26	128.82
	导爆管	m	403.42	0.88	355.01
	钻头 ϕ45～48	个	0.37	80.00	29.86
	钻头 ϕ100～102	个	0.07	680.00	48.96
	合金钻头	个	3.83	50.00	191.60
	钻杆	kg	5.68	14.00	79.52
	风钻钻杆	kg	2.48	7.00	17.33
	其他材料费	元	207.74	1.00	207.74
(3)	机械使用费				3133.25
	单斗挖掘机液压 0.6m³	台时	0.94	137.27	129.23
	风钻气腿式	台时	39.64	36.14	1432.45
	凿岩台车液压三臂	台时	1.75	710.15	1240.35
	液压平台车	台时	0.65	173.93	112.60
	修钎设备	台时	0.49	170.05	82.98
	载重汽车 5t	台时	0.48	140.45	67.98
	其他机械使用费	元	26.40	1.00	26.40
	其他机械使用费	元	41.28	1.00	41.28
(4)	石运排风洞挖洞内 2km 洞外 2.6km	m³	68.82	23.65	1627.59
	石运小洞径洞内倒运，洞内 2km 洞外 2.6km	m³	52.00	38.14	1983.28
2	其他直接费	%	6.75		791.05
二	间接费	%	22.40		2802.31
三	利润	%	7.00		1071.88
四	价差	元			631.84
五	税金	%	9.00		1531.47
	合计				18547.80

17. 出线平洞洞挖二

建筑工程单价表

项目：出线平洞洞挖二

定额编号：20414×0，20419×0，20449×0.5，20454×0.5　　定额单位：100m³

施工方法：风钻钻爆，由 2m³ 装载机装 10t 自卸汽车出渣，洞内运距 2.2km，洞外运距 2.6km。

单价：130.36 元　　单位：m³

编号	名称及规格	单位	数量	单价（元）	合价（元）
一	直接费				8677.99
1	基本直接费				8129.26
(1)	人工费				646.02
	高级熟练工	工时	6.00	10.26	61.56
	熟练工	工时	22.00	7.61	167.42
	半熟练工	工时	35.50	5.95	211.23
	普工	工时	42.00	4.90	205.80
(2)	材料费				2043.24
	乳化炸药	kg	150.34	6.80	1022.28

续表

编号	名称及规格	单位	数量	单价（元）	合价（元）
	非电毫秒雷管	发		2.26	
	非电毫秒雷管	个	91.00	2.26	205.66
	导爆管	m	408.50	0.88	359.48
	钻头 ϕ45～48	个	0.63	80.00	50.40
	钻头 ϕ100～102	个	0.12	680.00	81.60
	合金钻头	个		50.00	
	钻杆	kg	9.10	14.00	127.33
	风钻钻杆	kg		7.00	
	其他材料费	元	196.50	1.00	196.50
（3）	机械使用费				2494.67
	单斗挖掘机液压 0.6m³	台时	1.45	137.27	198.36
	风钻手持式	台时		25.40	
	风钻气腿式	台时		36.14	
	凿岩台车液压三臂	台时	2.80	710.15	1984.87
	液压平台车	台时	1.04	173.93	180.02
	修钎设备	台时		170.05	
	载重汽车 5t	台时	0.48	140.45	67.42
	其他机械使用费	元		1.00	
	其他机械使用费	元	64.00	1.00	64.00
（4）	石运 2m³装载机 10t 洞内 2.2km 洞外 2.6km	m³	113.50	25.95	2945.33
2	其他直接费	%	6.75		548.73
二	间接费	%	22.40		1943.87
三	利润	%	7.00		743.53
四	价差	元			593.84
五	税金	%	9.00		1076.33
	合计				13035.55

18. 浆砌石挡墙

建筑工程单价表

项目：浆砌石挡墙

定额编号：30032×1，30333×1.18，30347×0，60716×0，30356×1.18

定额单位：100m³

施工方法：人工从渣场拣石块，手推车运 100m，2m³ 装载机装 10t 自卸汽车运输 1.0km，人工砌筑。

单价：276.79 元　　单位：m³

编号	名称及规格	单位	数量	单价（元）	合价（元）
一	直接费				18908.28
1	基本直接费				17712.67
（1）	人工费				8343.26
	熟练工	工时	109.00	7.61	829.49
	半熟练工	工时	192.00	5.95	1142.40
	普工	工时	1300.28	4.90	6371.37
（2）	材料费				7227.51
	砌筑砂浆 C100	m³	34.40	207.58	7140.75
	零星材料费	元	18.88	1.00	18.88
	其他材料费	元	67.88	1.00	67.88
（3）	机械使用费				2141.90
	轮式装载机 2m³	台时		181.89	
	推土机功率 162kW	台时		297.93	
	胶轮车	台时		0.53	
	自卸汽车柴油型　8t	台时	18.86	113.59	2141.90
	自卸汽车柴油型　10t	台时		132.21	
2	其他直接费	%	6.75		1195.61
二	间接费	%	22.40		4235.45
三	利润	%	7.00		1620.06
四	价差	元			629.52
五	税金	%	9.00		2285.40
	合计				27678.71

19. 浆砌石护坡

建筑工程单价表

项目：浆砌石护坡

定额编号：30333×1.18，30028×1，30347×0，60716×0，30356×1.18

定额单位：100m³

施工方法：人工从渣场拣石块，手推车运 100m，2m³ 装载机装 10t 自卸汽车运输 1.0km，人工砌筑。

单价：279.18 元　　单位：m³

编号	名称及规格	单位	数量	单价（元）	合价（元）
一	直接费				19063.32
1	基本直接费				17857.91
(1)	人工费				8305.79
	熟练工	工时	117.00	7.61	890.37
	半熟练工	工时	313.00	5.95	1862.35
	普工	工时	1133.28	4.90	5553.07
(2)	材料费				7410.22
	砌筑砂浆 C75	m³	35.30	207.52	7325.46
	零星材料费	元	18.88	1.00	18.88
	其他材料费	元	65.88	1.00	65.88
(3)	机械使用费				2141.90
	轮式装载机 2m³	台时		181.89	
	推土机功率 162kW	台时		297.93	
	胶轮车	台时		0.53	
	自卸汽车柴油型　8t	台时	18.86	113.59	2141.90
	自卸汽车柴油型　10t	台时		132.21	
2	其他直接费	%	6.75		1205.41
二	间接费	%	22.40		4270.18
三	利润	%	7.00		1633.35
四	价差	元			645.99
五	税金	%	9.00		2305.16
	合计				27917.99

20. 厂房混凝土 C25 二级配下部

建筑工程单价表

项目：厂房混凝土 C25 二级配下部

定额编号：40025×1　　定额单位：100m³

施工方法：拌和楼拌制混凝土，6m³ 混凝土搅拌运输车运输，洞内运距 2.0km，洞外运距 0.5km，1/5 由混凝土泵送入仓，其余厂房桥机吊 3m³ 混凝土罐入仓，插入式振捣器振捣。

单价：636.69 元　　单位：m³

编号	名称及规格	单位	数量	单价（元）	合价（元）
一	直接费				44659.56
1	基本直接费				41835.65
(1)	人工费				2662.00
	高级熟练工	工时	21.00	10.26	215.46
	熟练工	工时	124.00	7.61	943.64
	半熟练工	工时	162.00	5.95	963.90
	普工	工时	110.00	4.90	539.00
(2)	材料费				26620.26
	综合水价	m³	103.00	2.84	292.52
	泵送 C25 SN32.5 级配 2	m³	106.00	246.29	26106.74
	其他材料费	元	221.00	1.00	221.00
(3)	机械使用费				636.46
	振捣器插入式功率 2.2kW	台时	28.46	3.57	101.60
	风水枪耗风量 2～6m³/min	台时	11.88	39.13	464.86
	其他机械使用费	元	70.00	1.00	70.00
(4)	混凝土拌制下水库混凝土系统	m³	102.00	20.12	2052.24
	混凝土运厂房	m³	102.00	32.61	3326.22
	模板蓄能厂房下部结构	m²	57.00	114.71	6538.47
2	其他直接费	%	6.75		2823.91
二	间接费	%	16.90		7547.47
三	利润	%	7.00		3654.49
四	价差	元			2550.36
五	税金	%	9.00		5257.07
	合计				63668.94

21. 厂房混凝土 C25 二级配上部

建筑工程单价表

项目：厂房混凝土 C25 二级配上部

定额编号：40024×0.9，40026×0.1　　定额单位：100m³

施工方法：拌和楼拌制混凝土，6m³ 混凝土搅拌运输车运输，洞内运距 2.0km，洞外运距 0.5km，由混凝土泵送入仓，插入式振捣器振捣。

单价：824.29 元　　单位：m³

编号	名称及规格	单位	数量	单价（元）	合价（元）
一	直接费				58402.08
1	基本直接费				54709.21
(1)	人工费				4083.82
	高级熟练工	工时	29.00	10.26	297.54
	熟练工	工时	168.60	7.61	1283.05
	半熟练工	工时	238.30	5.95	1417.89
	普工	工时	221.50	4.90	1085.35
(2)	材料费				27222.49
	综合水价	m³	11.20	2.84	31.81
	综合水价	m³	92.70	2.84	263.27
	泵送 C25 SN32.5 级配 2	m³	106.90	246.29	26328.40
	其他材料费	元	599.00	1.00	599.00
(3)	机械使用费				738.43
	振捣器插入式功率 2.2kW	台时	37.35	3.57	133.35
	风水枪耗风量 2～6m³/min	台时	10.13	39.13	396.27
	其他机械使用费	元	208.80	1.00	208.80
(4)	混凝土拌制下水库混凝土系统	m³	103.90	20.12	2090.47
	混凝土运厂房上部	m³	103.90	33.28	3457.79
	模板厂房上部结构	m²	258.30	62.49	16141.17
	岩锚梁模板	m²	9.70	100.52	975.04
2	其他直接费	%	6.75		3692.87
二	间接费	%	16.90		9869.95
三	利润	%	7.00		4779.04
四	价差	元			2572.01
五	税金	%	9.00		6806.08
	合计				82429.16

22. 低压电缆洞 C25 二级配

建筑工程单价表

项目：低压电缆洞 C25 二级配

定额编号：40090×0.5，40088×0.5　　定额单位：100m³

施工方法：隧洞喷锚支护后衬砌，拌和楼拌制混凝土，3m³ 混凝土搅拌运输车运混凝土，洞外运距 0.5km，洞内运距 2.0km。混凝土泵送入仓，插入式振捣器振捣。

单价：941.77 元　　单位：m³

编号	名称及规格	单位	数量	单价（元）	合价（元）
一	直接费				66497.54
1	基本直接费				62292.78
(1)	人工费				4562.34
	高级熟练工	工时	33.50	10.26	343.71
	熟练工	工时	201.50	7.61	1533.42
	半熟练工	工时	245.00	5.95	1457.75
	普工	工时	250.50	4.90	1227.45
(2)	材料费				33219.85
	综合水价	m³	59.50	2.84	168.98
	泵送 C25 SN32.5 级配 2	m³	134.00	246.29	33002.86
	其他材料费	元	48.00	1.00	48.00
(3)	机械使用费				8262.55
	振捣器插入式功率 2.2kW	台时	2246.08	3.57	8018.51
	风水枪耗风量 2～6m³/min	台时	5.93	39.13	232.04
	其他机械使用费	元	12.00	1.00	12.00
(4)	混凝土拌制下水库混凝土系统	m³	130.00	20.12	2615.60
	混凝土运 3m³ 搅拌车洞外 0.5km 洞内 2km 泵送	m³	130.00	29.34	3814.20
	排水廊道模板	m²	184.00	53.36	9818.24
2	其他直接费	%	6.75		4204.76
二	间接费	%	16.90		11238.08
三	利润	%	7.00		5441.49
四	价差	元			3224.04
五	税金	%	9.00		7776.10
	合计				94177.27

23. 主变压器室 C25 二级配

建筑工程单价表

项目：主变压器室 C25 二级配

定额编号：40024×0.6，40025×0.4　　定额单位：100m³

施工方法：拌和楼拌制混凝土，6m³ 混凝土搅拌运输车运混凝土，洞内运距 2.0km，洞外运距 0.5km。混凝土泵送入仓，插入式振捣器振捣。

单价：754.01 元　　单位：m³

编号	名称及规格	单位	数量	单价（元）	合价（元）
一	直接费				53264.25
1	基本直接费				49896.25
(1)	人工费				3540.89
	高级熟练工	工时	25.80	10.26	264.71
	熟练工	工时	150.40	7.61	1144.54
	半熟练工	工时	206.40	5.95	1228.08
	普工	工时	184.40	4.90	903.56
(2)	材料费				26826.06
	综合水价	m³	103.00	2.84	292.52
	泵送 C25 SN32.5 级配 2	m³	106.00	246.29	26106.74
	其他材料费	元	426.80	1.00	426.80
(3)	机械使用费				709.17
	振捣器插入式功率 2.2kW	台时	33.63	3.57	120.04
	风水枪耗风量 2～6m³/min	台时	11.03	39.13	431.53
	其他机械使用费	元	157.60	1.00	157.60
(4)	混凝土拌制下水库混凝土系统	m³	102.60	20.12	2064.31
	混凝土运主变压器室 6m³ 混凝土搅拌车洞内 2km 洞外 0.5km 泵送	m³	102.60	32.94	3379.64
	模板厂房上部结构	m²	172.20	62.49	10760.78
	模板蓄能厂房下部结构	m²	22.80	114.71	2615.39
2	其他直接费	%	6.75		3368.00
二	间接费	%	16.90		9001.66
三	利润	%	7.00		4358.61
四	价差	元			2550.36
五	税金	%	9.00		6225.74
	合计				75400.62

24. 母线洞 C25 二级配

建筑工程单价表

项目：母线洞 C25 二级配

定额编号：40096×0.75，40094×0.25　　定额单位：100m³

施工方法：隧洞喷锚支护后衬砌，拌和楼拌制混凝土，3m³ 混凝土搅拌运输车运混凝土，洞内运距 2.0km，洞外运距 0.5km，HB30 混凝土泵送入仓，2.2kW 插入式振捣器振捣。

单价：715.49 元　　单位：m³

编号	名称及规格	单位	数量	单价（元）	合价（元）
一	直接费				50122.03
1	基本直接费				46952.72
(1)	人工费				3734.41
	高级熟练工	工时	30.00	10.26	307.80
	熟练工	工时	175.75	7.61	1337.46
	半熟练工	工时	214.00	5.95	1273.30
	普工	工时	166.50	4.90	815.85
(2)	材料费				30366.98
	综合水价	m³	55.00	2.84	156.20
	泵送 C25 SN32.5 级配 2	m³	122.50	246.29	30170.53
	其他材料费	元	40.25	1.00	40.25
(3)	机械使用费				356.04
	振捣器插入式功率 2.2kW	台时	39.22	3.57	140.00
	风水枪耗风量 2～6m³/min	台时	5.24	39.13	205.04
	其他机械使用费	元	11.00	1.00	11.00
(4)	混凝土拌制下水库混凝土系统	m³	119.25	20.12	2399.31
	混凝土运 3m³ 搅拌车洞外 0.5km 洞内 2km 泵送	m³	119.25	29.34	3498.80
	模板平洞衬砌 90m²	m²	128.25	51.44	6597.18
2	其他直接费	%	6.75		3169.31
二	间接费	%	16.90		8470.62
三	利润	%	7.00		4101.49
四	价差	元			2947.35
五	税金	%	9.00		5907.73
	合计				71549.22

25. 出线洞 C25 二级配

建筑工程单价表

项目：出线洞 C25 二级配

定额编号：40090×0.9，40088×0.1　　定额单位：100m³

施工方法：隧洞喷锚支护后衬砌，拌和楼拌制混凝土，3m³ 混凝土搅拌运输车运混凝土，洞外运距 0.5km，洞内运距 2.2km。混凝土泵送入仓，插入式振捣器振捣。

单价：820.30 元　　单位：m³

编号	名称及规格	单位	数量	单价（元）	合价（元）
一	直接费				57603.77
1	基本直接费				53961.38
(1)	人工费				4533.69
	高级熟练工	工时	33.10	10.26	339.61
	熟练工	工时	200.30	7.61	1524.28
	半熟练工	工时	243.40	5.95	1448.23
	普工	工时	249.30	4.90	1221.57
(2)	材料费				33021.67
	综合水价	m³	6.00	2.84	17.04
	综合水价	m³	53.10	2.84	150.80
	泵送 C25 SN32.5 级配 2	m³	133.20	246.29	32805.83
	其他材料费	元	48.00	1.00	48.00
(3)	机械使用费				403.04
	振捣器插入式功率 2.2kW	台时	44.54	3.57	159.00
	风水枪耗风量 2～6m³/min	台时	5.93	39.13	232.04
	其他机械使用费	元	12.00	1.00	12.00
(4)	混凝土拌制下水库混凝土系统	m³	129.20	20.12	2599.50
	混凝土运 3m³ 混凝土搅拌车洞内 2.2km 洞外 0.5km 泵送	m³	129.20	30.49	3939.31
	模板平洞衬砌 30m²	m²	147.60	57.83	8535.71
	排水廊道模板	m²	17.40	53.36	928.46
2	其他直接费	%	6.75		3642.39
二	间接费	%	16.90		9735.04
三	利润	%	7.00		4713.72
四	价差	元			3204.79
五	税金	%	9.00		6773.16
	合计				82030.48

26. 板梁柱 C25 二级配

建筑工程单价表

项目：板梁柱 C25 二级配

定额编号：40263×0，40238×0.3，40239×0.3，40240×0.4　定额单位：100m³

施工方法：拌和楼拌制混凝土，3m³ 混凝土搅拌运输车运混凝土，洞外运距 0.8km。混凝土溜槽入仓，插入式振捣器振捣。

单价：1283.56 元　　单位：m³

编号	名称及规格	单位	数量	单价（元）	合价（元）
一	直接费				92581.80
1	基本直接费				86727.68
(1)	人工费				2634.61
	高级熟练工	工时	20.50	10.26	210.33
	熟练工	工时	123.30	7.61	938.31
	半熟练工	工时	187.40	5.95	1115.03
	普工	工时	75.70	4.90	370.93
(2)	材料费				22365.42
	综合水价	m³	99.00	2.84	281.16
	C25 SN42.5 级配 2	m³	103.00	208.79	21505.37
	其他材料费	元	578.90	1.00	578.90
(3)	机械使用费				484.39
	振捣器插入式功率 2.2kW	台时	28.35	3.57	101.22
	风水枪耗风量 2～6m³/min	台时	6.88	39.13	269.37
	其他机械使用费	元	113.80	1.00	113.80
	其他机械使用费	元		1.00	
(4)	混凝土拌制下水库混凝土系统	m³	100.00	20.12	2012.00
	混凝土运竖井 3m³ 搅拌车运 0.8km 溜筒	m³	100.00	49.67	4967.00
	板梁柱模板	m²	903.20	60.08	54264.26
2	其他直接费	%	6.75		5854.12
二	间接费	%	16.90		15646.32
三	利润	%	7.00		7575.97
四	价差	元			1953.52
五	税金	%	9.00		10598.18
	合计				128355.80

27. 出线竖井 C25 二级配

建筑工程单价表

项目：出线竖井 C25 二级配

定额编号：40130×0.62，40132×0.38　　　　定额单位：100m³

施工方法：竖井喷锚支护后衬砌，拌和楼拌制混凝土，3m³ 混凝土搅拌车运混凝土，运距 0.8km，溜筒入仓，H=260m，滑模施工，插入式振捣器振捣。

单价：681.29 元　　　　单位：m³

编号	名称及规格	单位	数量	单价（元）	合价（元）
一	直接费				48095.69
1	基本直接费				45054.51
(1)	人工费				3866.64
	高级熟练工	工时	30.62	10.26	314.16
	熟练工	工时	187.48	7.61	1426.72
	半熟练工	工时	260.72	5.95	1551.28
	普工	工时	117.24	4.90	574.48
(2)	材料费				26679.91
	综合水价	m³	56.62	2.84	160.80
	C25 SN42.5 级配 2	m³	126.86	208.79	26487.10
	其他材料费	元	32.00	1.00	32.00
(3)	机械使用费				468.67
	振捣器平板式功率 2.2kW	台时	40.77	2.65	108.03
	风水枪耗风量 2～6m³/min	台时	5.02	39.13	196.43
	卷扬机　10t	台时	4.65	33.81	157.22
	其他机械使用费	元	7.00	1.00	7.00
(4)	混凝土拌制下水库混凝土系统	m³	123.86	20.12	2492.06
	混凝土运竖井 3m³搅拌车运 0.8km 溜筒	m³	123.86	49.67	6152.13
	模板竖井滑模 75m²	m²	131.14	41.14	5395.10
2	其他直接费	%	6.75		3041.18
二	间接费	%	16.90		8128.17
三	利润	%	7.00		3935.67
四	价差	元			2344.37
五	税金	%	9.00		5625.35
	合计				68129.25

28. 块石混凝土 C15

建筑工程单价表

项目：块石混凝土 C15

定额编号：40183×0.85，30333×0.2585，30004×0.251　　　　定额单位：100m³

施工方法：埋块石率 15%，人工捡集块石。拌和楼拌制混凝土，6m³ 混凝土搅拌运输车运混凝土，洞外运距 1.5km。溜筒入仓，插入式振捣器振捣。

单价：318.55 元　　　　单位：m³

编号	名称及规格	单位	数量	单价（元）	合价（元）
一	直接费				22453.90
1	基本直接费				21034.10
(1)	人工费				2234.92
	高级熟练工	工时	18.70	10.26	191.86
	熟练工	工时	76.50	7.61	582.17
	半熟练工	工时	86.79	5.95	516.41
	普工	工时	192.75	4.90	944.48
(2)	材料费				14999.02
	综合水价	m³	39.10	2.84	111.04
	C15 SN32.5 级配 3	m³	87.55	169.65	14852.86
	零星材料费	元	4.14	1.00	4.14
	其他材料费	元	30.98	1.00	30.98
(3)	机械使用费				196.16
	胶轮车	台时	11.76	0.53	6.24
	振捣器插入式功率 2.2kW	台时	13.15	3.57	46.94
	风水枪耗风量 2～6m³/min	台时	3.50	39.13	137.03
	其他机械使用费	元	5.95	1.00	5.95
(4)	混凝土拌制下水库混凝土系统	m³	85.00	20.12	1710.20
	混凝土运　6m³ 搅拌车 1.5km 溜槽	m³	85.00	22.28	1893.80
2	其他直接费	%	6.75		1419.80
二	间接费	%	16.90		3794.71
三	利润	%	7.00		1837.40
四	价差	元			1138.33
五	税金	%	9.00		2630.19
	合计				31854.53

29. 排水沟混凝土 C25 二级配

建筑工程单价表

项目：排水沟混凝土 C25 二级配

定额编号：40216×1　　　　定额单位：100m³

施工方法：拌和楼拌制混凝土，3m³ 混凝土搅拌运输车运混凝土，洞外运距 0.5km，洞内运距 2.2km。混凝土泵送入仓，插入式振捣器振捣。

单价：599.52 元　　　　单位：m³

编号	名称及规格	单位	数量	单价（元）	合价（元）
一	直接费				41992.24
1	基本直接费				39336.99
(1)	人工费				3540.30
	高级熟练工	工时	18.00	10.26	184.68
	熟练工	工时	107.00	7.61	814.27
	半熟练工	工时	269.00	5.95	1600.55
	普工	工时	192.00	4.90	940.80
(2)	材料费				28201.26
	综合水价	m³	60.00	2.84	170.40
	C25 SN42.5 级配 2	m³	134.00	208.79	27977.86
	其他材料费	元	53.00	1.00	53.00
(3)	机械使用费				711.03
	振捣器变频机组功率 4.5kW	台时	24.72	5.19	128.30
	风水枪耗风量 2～6m³/min	台时	14.56	39.13	569.73
	其他机械使用费	元	13.00	1.00	13.00
(4)	混凝土拌制下水库混凝土系统	m³	130.00	20.12	2615.60
	基础、镇墩、底板、趾板及回填混凝土厚度≤1m	m²	10.00	73.54	735.40
	混凝土运 3m³ 混凝土搅拌车洞内 2.2km 洞外 0.5km 溜槽	m³	130.00	27.18	3533.40
2	其他直接费	%	6.75		2655.25
二	间接费	%	16.90		7096.69
三	利润	%	7.00		3436.22
四	价差	元			2476.32
五	税金	%	9.00		4950.13
	合计				59951.60

30. 排风平洞衬砌混凝土

建筑工程单价表

项目：排风平洞衬砌混凝土

定额编号：40093×0.24，40090×0.36，40088×0.4　　　　定额单位：100m³

施工方法：隧洞喷锚支护后衬砌，拌和楼拌制混凝土，3m³ 混凝土搅拌运输车运混凝土，洞外运距 0.5km，洞内运距 2.0km。混凝土泵送入仓，插入式振捣器振捣。

单价：913.86 元　　　　单位：m³

编号	名称及规格	单位	数量	单价（元）	合价（元）
一	直接费				64463.30
1	基本直接费				60387.17
(1)	人工费				4541.89
	高级熟练工	工时	33.40	10.26	342.68
	熟练工	工时	200.48	7.61	1525.65
	半熟练工	工时	243.88	5.95	1451.09
	普工	工时	249.48	4.90	1222.45
(2)	材料费				33051.84
	综合水价	m³	59.40	2.84	168.70
	泵送 C25 SN32.5 级配 2	m³	133.32	246.29	32835.38
	其他材料费	元	47.76	1.00	47.76
(3)	机械使用费				6061.22
	振捣器插入式功率 2.2kW	台时	1629.53	3.57	5817.42
	风水枪耗风量 2～6m³/min	台时	5.93	39.13	232.04
	其他机械使用费	元	11.76	1.00	11.76
(4)	混凝土拌制下水库混凝土系统	m³	129.32	20.12	2601.92
	混凝土运 3m³ 搅拌车洞外 0.5km 洞内 2km 泵送	m³	129.32	29.34	3794.25
	模板平洞衬砌 30m²	m²	69.84	57.83	4038.85
	模板平洞衬砌 50m²	m²	47.76	54.09	2583.34
	排水廊道模板	m²	69.60	53.36	3713.86
2	其他直接费	%	6.75		4076.13
二	间接费	%	16.90		10894.30
三	利润	%	7.00		5275.03
四	价差	元			3207.68
五	税金	%	9.00		7545.63
	合计				91385.94

31. 路面混凝土 C30 二级配（母线洞、排风平洞）

建筑工程单价表

项目：路面混凝土 C30 二级配（母线洞、排风平洞）

定额编号：40216×1　　　　定额单位：100m^3

施工方法：拌和楼拌制混凝土，3m^3 混凝土搅拌运输车运混凝土，洞外运距 0.5km，洞内运距 2.20km，混凝土泵送入仓，插入式振捣器振捣。

单价：644.87 元　　　　单位：m^3

编号	名称及规格	单位	数量	单价（元）	合价（元）
一	直接费				45120.70
1	基本直接费				42267.63
(1)	人工费				3540.30
	高级熟练工	工时	18.00	10.26	184.68
	熟练工	工时	107.00	7.61	814.27
	半熟练工	工时	269.00	5.95	1600.55
	普工	工时	192.00	4.90	940.80
(2)	材料费				29810.60
	综合水价	m^3	60.00	2.84	170.40
	C30 SN42.5 级配 2	m^3	134.00	220.80	29587.20
	其他材料费	元	53.00	1.00	53.00
(3)	机械使用费				711.03
	振捣器变频机组功率 4.5kW	台时	24.72	5.19	128.30
	风水枪耗风量 2～6m^3/min	台时	14.56	39.13	569.73
	其他机械使用费	元	13.00	1.00	13.00
(4)	混凝土拌制下水库混凝土系统	m^3	130.00	20.12	2615.60
	基础、镇墩、底板、趾板及回填混凝土厚度≤1m	m^2	30.00	73.54	2206.20
	混凝土运 3m^3搅拌车洞内 2km 洞外 0.5km 溜槽	m^3	130.00	26.03	3383.90
2	其他直接费	%	6.75		2853.07
二	间接费	%	16.90		7625.40
三	利润	%	7.00		3692.23
四	价差	元			2723.95
五	税金	%	9.00		5324.60
	合计				64486.87

32. 地沟盖板制作安装

建筑工程单价表

项目：地沟盖板制作安装

定额编号：40329×1，40352×1　　　　定额单位：100m^3

施工方法：预制板体积≤0.6m^3，运距 1～5km。

单价：924.15 元　　　　单位：m^3

编号	名称及规格	单位	数量	单价（元）	合价（元）
一	直接费				66263.34
1	基本直接费				62073.39
(1)	人工费				11676.77
	高级熟练工	工时	41.00	10.26	420.66
	熟练工	工时	236.00	7.61	1795.96
	半熟练工	工时	997.00	5.95	5932.15
	普工	工时	720.00	4.90	3528.00
(2)	材料费				32282.44
	原木	m^3	0.63	1540.43	970.47
	板枋材	m^3	3.32	2098.85	6968.18
	板枋材	m^3	0.15	2098.85	314.83
	铁件及预埋铁件	kg	86.00	7.00	602.00
	铁钉	kg	11.22	4.60	51.61
	综合水价	m^3	271.00	2.84	769.64
	电焊条	kg	27.54	7.50	206.55
	C20 SN42.5 级配 2	m^3	111.00	198.28	22009.08
	砌筑砂浆 C100	m^3	1.33	207.58	276.08
	其他材料费	元	114.00	1.00	114.00
(3)	机械使用费				15740.16
	振捣器插入式功率 2.2kW	台时	56.86	3.57	202.99
	载重汽车 5t	台时	1.48	140.45	207.87
	载重汽车柴油型　10t	台时	49.44	107.73	5326.17
	塔式起重机 10t	台时	20.60	89.91	1852.15
	履带式起重机油动　20t	台时	14.42	162.96	2349.88
	汽车起重机汽油型　5t	台时	49.44	101.50	5018.16
	电焊机直流 30kVA	台时	28.84	25.83	744.94
	其他机械使用费	元	28.00	1.00	28.00
	其他机械使用费	元	10.00	1.00	10.00
(4)	混凝土拌小型拌和机系统	m^3	109.00	18.42	2007.78
	混凝土运胶轮架子车运 20m	m^3	109.00	3.36	366.24
2	其他直接费	%	6.75		4189.95
二	间接费	%	16.90		11198.51
三	利润	%	7.00		5422.33
四	价差	元			1899.80
五	税金	%	9.00		7630.56
	合计				92414.54

33. 厂房混凝土 C20 二级配下部

建筑工程单价表

项目：厂房混凝土 C20 二级配下部

定额编号：40025×1　　　　定额单位：$100m^3$

施工方法：拌和楼拌制混凝土，$6m^3$ 混凝土搅拌运输车运输，洞内运距 2.0km，洞外运距 0.5km，1/5 由混凝土泵送入仓，其余厂房桥机吊 $3m^3$ 混凝土罐入仓，插入式振捣器振捣。

单价：593.80 元　　　　单位：m^3

编号	名称及规格	单位	数量	单价（元）	合价（元）
一	直接费				41823.89
1	基本直接费				39179.29
(1)	人工费				2662.00
	高级熟练工	工时	21.00	10.26	215.46
	熟练工	工时	124.00	7.61	943.64
	半熟练工	工时	162.00	5.95	963.90
	普工	工时	110.00	4.90	539.00
(2)	材料费				23963.90
	综合水价	m^3	103.00	2.84	292.52
	泵送 C20 SN42.5 级配 2	m^3	106.00	221.23	23450.38
	其他材料费	元	221.00	1.00	221.00
(3)	机械使用费				636.46
	振捣器插入式功率 2.2kW	台时	28.46	3.57	101.60
	风水枪耗风量 2～$6m^3$/min	台时	11.88	39.13	464.86
	其他机械使用费	元	70.00	1.00	70.00
(4)	混凝土拌制下水库混凝土系统	m^3	102.00	20.12	2052.24
	混凝土运厂房	m^3	102.00	32.61	3326.22
	模板蓄能厂房下部结构	m^2	57.00	114.71	6538.47
2	其他直接费	%	6.75		2644.60
二	间接费	%	16.90		7068.24
三	利润	%	7.00		3422.45
四	价差	元			2162.40
五	税金	%	9.00		4902.93
	合计				59379.91

34. 路面混凝土 C30 二级配（排风平台、升压站）

建筑工程单价表

项目：路面混凝土 C30 二级配（排风平台、升压站）

定额编号：40216×1　　　　定额单位：$100m^3$

施工方法：拌和楼拌制混凝土，$3m^3$ 混凝土搅拌运输车运混凝土，洞外运距 0.8km。混凝土泵送入仓，插入式振捣器振捣。

单价：668.19 元　　　　单位：m^3

编号	名称及规格	单位	数量	单价（元）	合价（元）
一	直接费				46831.26
1	基本直接费				43870.03
(1)	人工费				3540.30
	高级熟练工	工时	18.00	10.26	184.68
	熟练工	工时	107.00	7.61	814.27
	半熟练工	工时	269.00	5.95	1600.55
	普工	工时	192.00	4.90	940.80
(2)	材料费				29810.60
	综合水价	m^3	60.00	2.84	170.40
	C30 SN42.5 级配 2	m^3	134.00	220.80	29587.20
	其他材料费	元	53.00	1.00	53.00
(3)	机械使用费				711.03
	振捣器变频机组功率 4.5kW	台时	24.72	5.19	128.30
	风水枪耗风量 2～$6m^3$/min	台时	14.56	39.13	569.73
	其他机械使用费	元	13.00	1.00	13.00
(4)	混凝土拌制下水库混凝土系统	m^3	130.00	20.12	2615.60
	混凝土运竖井 $3m^3$ 搅拌车运 0.8km 溜筒	m^3	130.00	49.67	6457.10
	基础、镇墩、底板、趾板及回填混凝土厚度≤1m	m^2	10.00	73.54	735.40
2	其他直接费	%	6.75		2961.23
二	间接费	%	16.90		7914.48
三	利润	%	7.00		3832.20
四	价差	元			2723.95
五	税金	%	9.00		5517.17
	合计				66819.06

35. 排水沟混凝土 C15 二级配（出线洞）

建筑工程单价表

项目：排水沟混凝土 C15 二级配（出线洞）

定额编号：40216×1　　　　定额单位：100m^3

施工方法：拌和楼拌制混凝土，3m^3 混凝土搅拌运输车运混凝土，洞外运距 0.5km，洞内运距 2.20km。混凝土泵送入仓，插入式振捣器振捣。

单价：559.93 元　　　　单位：m^3

编号	名称及规格	单位	数量	单价（元）	合价（元）
一	直接费				39393.11
1	基本直接费				36902.21
(1)	人工费				3540.30
	高级熟练工	工时	18.00	10.26	184.68
	熟练工	工时	107.00	7.61	814.27
	半熟练工	工时	269.00	5.95	1600.55
	普工	工时	192.00	4.90	940.80
(2)	材料费				25766.48
	综合水价	m^3	60.00	2.84	170.40
	C15 SN32.5 级配 2	m^3	134.00	190.62	25543.08
	其他材料费	元	53.00	1.00	53.00
(3)	机械使用费				711.03
	振捣器变频机组功率 4.5kW	台时	24.72	5.19	128.30
	风水枪耗风量 2～6m^3/min	台时	14.56	39.13	569.73
	其他机械使用费	元	13.00	1.00	13.00
(4)	混凝土拌制下水库混凝土系统	m^3	130.00	20.12	2615.60
	基础、镇墩、底板、趾板及回填混凝土厚度≤1m	m^2	10.00	73.54	735.40
	混凝土运 3m^3 混凝土搅拌车洞内 2.2km 洞外 0.5km 溜槽	m^3	130.00	27.18	3533.40
2	其他直接费	%	6.75		2490.90
二	间接费	%	16.90		6657.44
三	利润	%	7.00		3223.54
四	价差	元			2096.03
五	税金	%	9.00		4623.31
	合计				55993.42

36. 路面混凝土 C30 二级配（出线洞）

建筑工程单价表

项目：路面混凝土 C30 二级配（出线洞）

定额编号：40216×1　　　　定额单位：100m^3

施工方法：拌和楼拌制混凝土，3m^3 混凝土搅拌运输车运混凝土，洞外运距 0.5km，洞内运距 2.20km。混凝土泵送入仓，插入式振捣器振捣。

单价：625.64 元　　　　单位：m^3

编号	名称及规格	单位	数量	单价（元）	合价（元）
一	直接费				43710.21
1	基本直接费				40946.33
(1)	人工费				3540.30
	高级熟练工	工时	18.00	10.26	184.68
	熟练工	工时	107.00	7.61	814.27
	半熟练工	工时	269.00	5.95	1600.55
	普工	工时	192.00	4.90	940.80
(2)	材料费				29810.60
	综合水价	m^3	60.00	2.84	170.40
	C30 SN42.5 级配 2	m^3	134.00	220.80	29587.20
	其他材料费	元	53.00	1.00	53.00
(3)	机械使用费				711.03
	振捣器变频机组功率 4.5kW	台时	24.72	5.19	128.30
	风水枪耗风量 2～6m^3/min	台时	14.56	39.13	569.73
	其他机械使用费	元	13.00	1.00	13.00
(4)	混凝土拌制下水库混凝土系统	m^3	130.00	20.12	2615.60
	基础、镇墩、底板、趾板及回填混凝土厚度≤1m	m^2	10.00	73.54	735.40
	混凝土运 3m^3 混凝土搅拌车洞内 2.2km 洞外 0.5km 溜槽	m^3	130.00	27.18	3533.40
2	其他直接费	%	6.75		2763.88
二	间接费	%	16.90		7387.03
三	利润	%	7.00		3576.81
四	价差	元			2723.95
五	税金	%	9.00		5165.82
	合计				62563.81

37. 橡胶止水

建筑工程单价表

项目：橡胶止水

定额编号：40283×1　　定额单位：100 延米

施工方法：清洗缝面、弯制、安装、熔涂沥青砂柱止水的烤砂、拌和、洗模、拆模、安装。

单价：166.29 元　　单位：m

编号	名称及规格	单位	数量	单价（元）	合价（元）
一	直接费				12196.32
1	基本直接费				11425.12
(1)	人工费				992.12
	高级熟练工	工时	8.00	10.26	82.08
	熟练工	工时	54.00	7.61	410.94
	半熟练工	工时	46.00	5.95	273.70
	普工	工时	46.00	4.90	225.40
(2)	材料费				10426.00
	橡胶止水带	m	103.00	100.00	10300.00
	其他材料费	元	126.00	1.00	126.00
(3)	机械使用费				7.00
	其他机械使用费	元	7.00	1.00	7.00
2	其他直接费	%	6.75		771.20
二	间接费	%	16.90		2061.18
三	利润	%	7.00		998.02
四	价差	元			
五	税金	%	9.00		1373.00
	合计				16628.51

38. 铜止水

建筑工程单价表

项目：铜止水

定额编号：40273×1　　定额单位：100 延米

施工方法：清洗缝面、弯制、安装、熔涂沥青砂柱止水的烤砂、拌和、洗模、拆模、安装。

单价：589.08 元　　单位：m

编号	名称及规格	单位	数量	单价（元）	合价（元）
一	直接费				43206.82
1	基本直接费				40474.77
(1)	人工费				3139.26
	高级熟练工	工时	24.00	10.26	246.24
	熟练工	工时	172.00	7.61	1308.92
	半熟练工	工时	146.00	5.95	868.70
	普工	工时	146.00	4.90	715.40
(2)	材料费				37149.77
	硼砂	kg	5.30	10.00	53.00
	白铁皮 0.82mm	kg		5.50	
	黑铁皮 1.5mm	kg		7.00	
	铜丝	kg	7.96	30.00	238.80
	铜电焊条	kg	1.59	50.00	79.50
	沥青	t	1.61	5085.39	8187.48
	乙炔	kg	24.79	16.00	396.64
	氧气	m^3	8.67	3.50	30.35
	焊锡	kg		40.80	
	电焊条	kg		7.50	
	紫铜片（厚 1.5mm）	kg	561.00	50.00	28050.00
	其他材料费	元	114.00	1.00	114.00
(3)	机械使用费				185.74
	胶轮车	台时	9.06	0.53	4.80
	电焊机直流 30kVA	台时	6.85	25.83	176.94
	其他机械使用费	元	4.00	1.00	4.00
2	其他直接费	%	6.75		2732.05
二	间接费	%	16.90		7301.95
三	利润	%	7.00		3535.61
四	价差	元			
五	税金	%	9.00		4863.99
	合计				58908.38

39. 排水廊道衬砌 C25 二级配

建筑工程单价表

项目：排水廊道衬砌 C25 二级配

定额编号：40088×1　　定额单位：$100m^3$

施工方法：拌和楼拌制混凝土，$3m^3$ 混凝土搅拌运输车运混凝土，洞外运距 0.5km，洞内运距 2.0km。混凝土泵送入仓，插入式振捣器振捣。

单价：824.76 元　　单位：m^3

编号	名称及规格	单位	数量	单价（元）	合价（元）
一	直接费				57895.68
1	基本直接费				54234.83
（1）	人工费				4598.12
	高级熟练工	工时	34.00	10.26	348.84
	熟练工	工时	203.00	7.61	1544.83
	半熟练工	工时	247.00	5.95	1469.65
	普工	工时	252.00	4.90	1234.80
（2）	材料费				33467.55
	综合水价	m^3	60.00	2.84	170.40
	泵送 C25 SN32.5 级配 2	m^3	135.00	246.29	33249.15
	其他材料费	元	48.00	1.00	48.00
（3）	机械使用费				405.26
	振捣器插入式功率 2.2kW	台时	45.16	3.57	161.22
	风水枪耗风量 2～$6m^3$/min	台时	5.93	39.13	232.04
	其他机械使用费	元	12.00	1.00	12.00
（4）	混凝土拌制下水库混凝土系统	m^3	131.00	20.12	2635.72
	混凝土运 $3m^3$ 搅拌车洞外 0.5km 洞内 2km 泵送	m^3	131.00	29.34	3843.54
	排水廊道模板	m^2	174.00	53.36	9284.64
2	其他直接费	%	6.75		3660.85
二	间接费	%	16.90		9784.37
三	利润	%	7.00		4737.60
四	价差	元			3248.10
五	税金	%	9.00		6809.92
	合计				82475.67

40. 排水洞衬砌 C25 二级配

建筑工程单价表

项目：排水洞衬砌 C25 二级配

定额编号：40126×1　　定额单位：$100m^3$

施工方法：隧洞喷锚支护后衬砌，拌和楼拌制混凝土，$3m^3$ 混凝土搅拌运输车运混凝土，洞外运距 0.8km。溜槽入仓，插入式振捣器振捣。

单价：780.44 元　　单位：m^3

编号	名称及规格	单位	数量	单价（元）	合价（元）
一	直接费				55173.68
1	基本直接费				51684.95
（1）	人工费				4678.30
	高级熟练工	工时	37.00	10.26	379.62
	熟练工	工时	218.00	7.61	1658.98
	半熟练工	工时	302.00	5.95	1796.90
	普工	工时	172.00	4.90	842.80
（2）	材料费				29441.68
	综合水价	m^3	62.00	2.84	176.08
	C25 SN42.5 级配 2	m^3	140.00	208.79	29230.60
	其他材料费	元	35.00	1.00	35.00
（3）	机械使用费				510.14
	振捣器平板式功率 2.2kW	台时	47.53	2.65	125.95
	风水枪耗风量 2～$6m^3$/min	台时	5.51	39.13	215.61
	卷扬机　10t	台时	4.72	33.81	159.58
	其他机械使用费	元	9.00	1.00	9.00
（4）	混凝土拌制下水库混凝土系统	m^3	136.00	20.12	2736.32
	混凝土运竖井 $3m^3$ 搅拌车运 0.8km 溜筒	m^3	136.00	49.67	6755.12
	模板竖井滑模 $50m^2$	m^2	183.00	41.33	7563.39
2	其他直接费	%	6.75		3488.73
二	间接费	%	16.90		9324.35
三	利润	%	7.00		4514.86
四	价差	元			2587.20
五	税金	%	9.00		6444.01
	合计				78044.11

41. 挡墙混凝土 C20 二级配

建筑工程单价表

项目：挡墙混凝土 C20 二级配

定额编号：40196×1　　　　定额单位：$100m^3$

施工方法：拌和楼拌制混凝土，$3m^3$ 混凝土搅拌运输车运混凝土，洞外运距 0.8km。混凝土泵送入仓，插入式振捣器振捣。

单价：740.61 元　　　　单位：m^3

编号	名称及规格	单位	数量	单价（元）	合价（元）
一	直接费				52645.75
1	基本直接费				49316.86
(1)	人工费				3524.89
	高级熟练工	工时	27.00	10.26	277.02
	熟练工	工时	192.00	7.61	1461.12
	半熟练工	工时	241.00	5.95	1433.95
	普工	工时	72.00	4.90	352.80
(2)	材料费				25050.44
	综合水价	m^3	108.00	2.84	306.72
	C20 SN42.5 级配 2	m^3	124.00	198.28	24586.72
	其他材料费	元	157.00	1.00	157.00
(3)	机械使用费				591.39
	振捣器平板式功率 2.2kW	台时	37.67	2.65	99.83
	风水枪耗风量 $2\sim6m^3/min$	台时	11.54	39.13	451.56
	其他机械使用费	元	40.00	1.00	40.00
(4)	混凝土拌制下水库混凝土系统	m^3	120.00	20.12	2414.40
	混凝土运地面开关站溜槽	m^3	120.00	20.28	2433.60
	模板混凝土墙	m^2	203.00	75.38	15302.14
2	其他直接费	%	6.75		3328.89
二	间接费	%	16.90		8897.13
三	利润	%	7.00		4308.00
四	价差	元			2095.10
五	税金	%	9.00		6115.14
	合计				74061.12

42. 排风竖井 C25 二级配

建筑工程单价表

项目：排风竖井 C25 二级配

定额编号：40129×0.27，40126×0.73　　　　定额单位：$100m^3$

施工方法：竖井喷锚支护后衬砌，拌和楼拌制混凝土，$3m^3$ 混凝土搅拌车运混凝土，运距 0.8km，溜筒入仓，H=260m，滑模施工，2.2kW 插入式振捣器振捣。

单价：777.43 元　　　　单位：m^3

编号	名称及规格	单位	数量	单价（元）	合价（元）
一	直接费				54964.55
1	基本直接费				51489.04
(1)	人工费				4653.71
	高级熟练工	工时	36.73	10.26	376.85
	熟练工	工时	216.92	7.61	1650.76
	半熟练工	工时	300.38	5.95	1787.26
	普工	工时	171.19	4.90	838.83
(2)	材料费				29271.79
	综合水价	m^3	61.73	2.84	175.31
	C25 SN42.5 级配 2	m^3	139.19	208.79	29061.48
	其他材料费	元	35.00	1.00	35.00
(3)	机械使用费				509.45
	振捣器平板式功率 2.2kW	台时	47.27	2.65	125.25
	风水枪耗风量 $2\sim6m^3/min$	台时	5.51	39.13	215.61
	卷扬机　10t	台时	4.72	33.81	159.58
	其他机械使用费	元	9.00	1.00	9.00
(4)	混凝土拌制下水库混凝土系统	m^3	135.19	20.12	2720.02
	混凝土运竖井 $3m^3$ 搅拌车运 0.8km 溜筒	m^3	135.19	49.67	6714.89
	模板竖井滑模 $50m^2$	m^2	184.35	41.33	7619.19
2	其他直接费	%	6.75		3475.51
二	间接费	%	16.90		9289.01
三	利润	%	7.00		4497.75
四	价差	元			2572.23
五	税金	%	9.00		6419.12
	合计				77742.66

43. 置换混凝土 C20 二级配

建筑工程单价表

项目：置换混凝土 C20 二级配

定额编号：40183×1　　定额单位：100m³

施工方法：拌和楼拌制混凝土，6m³ 混凝土搅拌运输车运混凝土，洞外运距 2.9km，洞内运距 0.5km。混凝土泵送入仓，插入式振捣器振捣。

单价：527.35 元　　单位：m³

编号	名称及规格	单位	数量	单价（元）	合价（元）
一	直接费				36663.22
1	基本直接费				34344.94
(1)	人工费				1558.82
	高级熟练工	工时	22.00	10.26	225.72
	熟练工	工时	90.00	7.61	684.90
	半熟练工	工时	90.00	5.95	535.50
	普工	工时	23.00	4.90	112.70
(2)	材料费				27501.67
	综合水价	m³	46.00	2.84	130.64
	泵送 C20 SN42.5 级配 2	m³	123.60	221.23	27344.03
	其他材料费	元	27.00	1.00	27.00
(3)	机械使用费				223.45
	振捣器插入式功率 2.2kW	台时	15.47	3.57	55.23
	风水枪耗风量 2～6m³/min	台时	4.12	39.13	161.22
	其他机械使用费	元	7.00	1.00	7.00
(4)	混凝土拌制下水库混凝土系统	m³	100.00	20.12	2012.00
	混凝土运 3m³ 混凝土搅拌车洞内 2.2km 洞外 0.5km 泵送	m³	100.00	30.49	3049.00
2	其他直接费	%	6.75		2318.28
二	间接费	%	16.90		6196.08
三	利润	%	7.00		3000.15
四	价差	元			2521.44
五	税金	%	9.00		4354.28
	合计				52735.18

44. 护坡框格 C25 二级配

建筑工程单价表

项目：护坡框格 C25 二级配

定额编号：40252×1　　定额单位：100m³

施工方法：拌和楼拌制混凝土，6m³ 混凝土搅拌运输车运混凝土，洞外运距 1.5km。混凝土溜槽入仓，插入式振捣器振捣。

单价：683.91 元　　单位：m³

编号	名称及规格	单位	数量	单价（元）	合价（元）
一	直接费				47603.91
1	基本直接费				44593.83
(1)	人工费				4483.72
	高级熟练工	工时	27.00	10.26	277.02
	熟练工	工时	190.00	7.61	1445.90
	半熟练工	工时	282.00	5.95	1677.90
	普工	工时	221.00	4.90	1082.90
(2)	材料费				33882.37
	综合水价	m³	120.00	2.84	340.80
	泵送 C25 SN32.5 级配 2	m³	133.00	246.29	32756.57
	其他材料费	元	785.00	1.00	785.00
(3)	机械使用费				96.44
	振捣器插入式功率 2.2kW	台时	18.61	3.57	66.44
	其他机械使用费	元	30.00	1.00	30.00
(4)	混凝土拌制下水库混凝土系统	m³	133.00	20.12	2675.96
	混凝土运 6m³ 搅拌车 1.5km 泵送	m³	133.00	25.98	3455.34
2	其他直接费	%	6.75		3010.08
二	间接费	%	16.90		8045.06
三	利润	%	7.00		3895.43
四	价差	元			3199.98
五	税金	%	9.00		5646.99
	合计				68391.38

45. 路面混凝土 C30 二级配（排水廊道）

建筑工程单价表

项目：路面混凝土 C30 二级配（排水廊道、交通洞）

定额编号：40211×1　　定额单位：100m³

施工方法：拌和楼拌制混凝土，3m³ 混凝土搅拌运输车运混凝土，洞外运距 0.5km，洞内运距 2.0km。混凝土泵送入仓，插入式振捣器振捣。

单价：604.32 元　　单位：m³

编号	名称及规格	单位	数量	单价（元）	合价（元）
一	直接费				42228.19
1	基本直接费				39558.02
(1)	人工费				3140.07
	高级熟练工	工时	17.00	10.26	174.42
	熟练工	工时	100.00	7.61	761.00
	半熟练工	工时	177.00	5.95	1053.15
	普工	工时	235.00	4.90	1151.50
(2)	材料费				28851.80
	综合水价	m³	115.00	2.84	326.60
	C30 SN42.5 级配 2	m³	129.00	220.80	28483.20
	其他材料费	元	42.00	1.00	42.00
(3)	机械使用费				841.38
	振捣器变频机组功率 4.5kW	台时	22.97	5.19	119.21
	风水枪耗风量 2～6m³/min	台时	18.20	39.13	712.17
	其他机械使用费	元	10.00	1.00	10.00
(4)	混凝土拌制下水库混凝土系统	m³	125.00	20.12	2515.00
	基础、镇墩、底板、趾板及回填混凝土厚度≤1m	m²	13.00	73.54	956.02
	混凝土运 3m³搅拌车洞内 2km 洞外 0.5km 溜槽	m³	125.00	26.03	3253.75
2	其他直接费	%	6.75		2670.17
二	间接费	%	16.90		7136.56
三	利润	%	7.00		3455.53
四	价差	元			2622.31
五	税金	%	9.00		4989.83
	合计				60432.43

46. 排水沟混凝土 C30 二级配

建筑工程单价表

项目：排水沟混凝土 C30 二级配

定额编号：40216×1　　定额单位：100m³

施工方法：拌和楼拌制混凝土，3m³ 混凝土搅拌运输车运混凝土，洞外运距 0.5km，洞内运距 2.0km。混凝土泵送入仓，插入式振捣器振捣。

单价：649.23 元　　单位：m³

编号	名称及规格	单位	数量	单价（元）	合价（元）
一	直接费				45440.26
1	基本直接费				42566.99
(1)	人工费				5310.46
	高级熟练工	工时	27.00	10.26	277.02
	熟练工	工时	160.50	7.61	1221.41
	半熟练工	工时	403.50	5.95	2400.83
	普工	工时	288.00	4.90	1411.20
(2)	材料费				29810.60
	综合水价	m³	60.00	2.84	170.40
	C30 SN42.5 级配 2	m³	134.00	220.80	29587.20
	其他材料费	元	53.00	1.00	53.00
(3)	机械使用费				711.03
	振捣器变频机组功率 4.5kW	台时	24.72	5.19	128.30
	风水枪耗风量 2～6m³/min	台时	14.56	39.13	569.73
	其他机械使用费	元	13.00	1.00	13.00
(4)	混凝土拌制下水库混凝土系统	m³	130.00	20.12	2615.60
	基础、镇墩、底板、趾板及回填混凝土厚度≤1m	m²	10.00	73.54	735.40
	混凝土运 3m³搅拌车洞内 2km 洞外 0.5km 溜槽	m³	130.00	26.03	3383.90
2	其他直接费	%	6.75		2873.27
二	间接费	%	16.90		7679.40
三	利润	%	7.00		3718.38
四	价差	元			2723.95
五	税金	%	9.00		5360.58
	合计				64922.57

47. 排水沟混凝土 C15 二级配（排水廊道）

建筑工程单价表

项目：排水沟混凝土 C15 二级配（排水廊道、交通洞）

定额编号：40216×1　　定额单位：100m^3

施工方法：拌和楼拌制混凝土，3m^3 混凝土搅拌运输车运混凝土，洞外运距 0.5km，洞内运距 2.0km。混凝土泵送入仓，插入式振捣器振捣。

单价：583.52 元　　单位：m^3

编号	名称及规格	单位	数量	单价（元）	合价（元）
一	直接费				41123.16
1	基本直接费				38522.87
(1)	人工费				5310.46
	高级熟练工	工时	27.00	10.26	277.02
	熟练工	工时	160.50	7.61	1221.41
	半熟练工	工时	403.50	5.95	2400.83
	普工	工时	288.00	4.90	1411.20
(2)	材料费				25766.48
	综合水价	m^3	60.00	2.84	170.40
	C15 SN32.5 级配 2	m^3	134.00	190.62	25543.08
	其他材料费	元	53.00	1.00	53.00
(3)	机械使用费				711.03
	振捣器变频机组功率 4.5kW	台时	24.72	5.19	128.30
	风水枪耗风量 2～6m^3/min	台时	14.56	39.13	569.73
	其他机械使用费	元	13.00	1.00	13.00
(4)	混凝土拌制下水库混凝土系统	m^3	130.00	20.12	2615.60
	基础、镇墩、底板、趾板及回填混凝土厚度≤1m	m^2	10.00	73.54	735.40
	混凝土运 3m^3搅拌车洞内 2km 洞外 0.5km 溜槽	m^3	130.00	26.03	3383.90
2	其他直接费	%	6.75		2600.29
二	间接费	%	16.90		6949.81
三	利润	%	7.00		3365.11
四	价差	元			2096.03
五	税金	%	9.00		4818.07
	合计				58352.19

48. 地面钢筋制作安装

建筑工程单价表

项目：地面钢筋制作安装

定额编号：40272×1　　定额单位：t

施工方法：回直、除锈、切断、焊接、弯割、绑扎、加工场到施工现场场内运输及转运。

单价：6289.23 元　　单位：t

编号	名称及规格	单位	数量	单价（元）	合价（元）
一	直接费				4405.11
1	基本直接费				4126.57
(1)	人工费				366.32
	高级熟练工	工时	2.40	10.26	24.62
	熟练工	工时	14.40	7.61	109.58
	半熟练工	工时	23.20	5.95	138.04
	普工	工时	19.20	4.90	94.08
(2)	材料费				3544.50
	钢筋	t	1.02	3400.00	3468.00
	铁丝	kg	5.00	6.50	32.50
	电焊条	kg	4.00	7.50	30.00
	其他材料费	元	14.00	1.00	14.00
(3)	机械使用费				215.75
	风水枪耗风量 2～6m^3/min	台时	0.76	39.13	29.74
	载重汽车 5t	台时	0.29	140.45	40.73
	塔式起重机 10t	台时	0.07	89.91	6.29
	电焊机直流 30kVA	台时	3.46	25.83	89.37
	对焊机电阻 150kVA	台时	0.25	82.24	20.56
	钢筋弯曲机 ϕ6～40	台时	0.66	18.62	12.29
	钢筋切断机功率 20kW	台时	0.25	28.43	7.11
	钢筋调直机功率 4～14kW	台时	0.38	16.99	6.46
	其他机械使用费	元	3.20	1.00	3.20
2	其他直接费	%	6.75		278.54
二	间接费	%	8.41		370.47
三	利润	%	7.00		334.29
四	价差	元			660.07
五	税金	%	9.00		519.29
	合计				6289.24

49. 地下钢筋制作安装

建筑工程单价表

项目：地下钢筋制作安装

定额编号：40271×1　　　　定额单位：t

施工方法：回直、除锈、切断、焊接、弯割、绑扎、加工场到施工现场场内运输及转运。

单价：6429.16 元　　　　单位：t

编号	名称及规格	单位	数量	单价（元）	合价（元）
一	直接费				4515.77
1	基本直接费				4230.23
(1)	人工费				440.87
	高级熟练工	工时	2.40	10.26	24.62
	熟练工	工时	16.80	7.61	127.85
	半熟练工	工时	32.00	5.95	190.40
	普工	工时	20.00	4.90	98.00
(2)	材料费				3544.50
	钢筋	t	1.02	3400.00	3468.00
	铁丝	kg	5.00	6.50	32.50
	电焊条	kg	4.00	7.50	30.00
	其他材料费	元	14.00	1.00	14.00
(3)	机械使用费				244.86
	风水枪耗风量 2～6m³/min	台时	0.76	39.13	29.74
	载重汽车 5t	台时	0.34	140.45	47.75
	汽车起重机柴油型 8t	台时	0.09	117.38	10.56
	电焊机直流 30kVA	台时	4.15	25.83	107.19
	对焊机电阻 150kVA	台时	0.25	82.24	20.56
	钢筋弯曲机 ϕ6～40	台时	0.66	18.62	12.29
	钢筋切断机功率 20kW	台时	0.25	28.43	7.11
	钢筋调直机功率 4～14kW	台时	0.38	16.99	6.46
	其他机械使用费	元	3.20	1.00	3.20
2	其他直接费	%	6.75		285.54
二	间接费	%	8.41		379.78
三	利润	%	7.00		342.69
四	价差	元			660.07
五	税金	%	9.00		530.85
	合计				6429.15

50. 露天锚杆 ϕ22 L=3m（风钻）

建筑工程单价表

项目：露天锚杆 ϕ22 L=3m（风钻）

定额编号：50002×0.5，50006×0.5　　　　定额单位：100 根

施工方法：风钻钻孔。

单价：114.04 元　　　　单位：根

编号	名称及规格	单位	数量	单价（元）	合价（元）
一	直接费				8039.97
1	基本直接费				7531.59
(1)	人工费				1629.38
	高级熟练工	工时	8.50	10.26	87.21
	熟练工	工时	46.00	7.61	350.06
	半熟练工	工时	90.00	5.95	535.50
	普工	工时	134.00	4.90	656.60
(2)	材料费				4600.28
	合金钻头	个	8.18	50.00	408.75
	风钻钻杆	kg	3.75	7.00	26.25
	锚杆 ϕ22	kg	970.00	4.06	3938.20
	接缝砂浆 C30	m³	0.34	344.35	117.08
	其他材料费	元	110.00	1.00	110.00
(3)	机械使用费				1301.93
	风钻手持式	台时	47.32	25.40	1201.93
	其他机械使用费	元	100.00	1.00	100.00
2	其他直接费	%	6.75		508.38
二	间接费	%	21.46		1725.38
三	利润	%	7.00		683.57
四	价差	元			13.13
五	税金	%	9.00		941.58
	合计				11403.64

51. 露天锚杆 ϕ22 L=4m（风钻）

建筑工程单价表

项目：露天锚杆 ϕ22 L=4m（风钻）

定额编号：50007×0，50006×1　　　　定额单位：100 根

施工方法：风钻钻孔。

单价：151.56 元　　　　单位：根

编号	名称及规格	单位	数量	单价（元）	合价（元）
一	直接费				10686.22
1	基本直接费				10010.51
(1)	人工费				2074.51
	高级熟练工	工时	9.00	10.26	92.34
	熟练工	工时	57.00	7.61	433.77
	半熟练工	工时	112.00	5.95	666.40
	普工	工时	180.00	4.90	882.00
(2)	材料费				6100.30
	合金钻头	个	10.83	50.00	541.50
	风钻钻杆	kg	4.98	7.00	34.86
	锚杆 ϕ22	kg	1283.00	4.06	5208.98
	接缝砂浆 C30	m^3	0.45	344.35	154.96
	其他材料费	元	160.00	1.00	160.00
(3)	机械使用费				1835.70
	风钻手持式	台时	66.76	25.40	1695.70
	其他机械使用费	元	140.00	1.00	140.00
2	其他直接费	%	6.75		675.71
二	间接费	%	21.46		2293.26
三	利润	%	7.00		908.56
四	价差	元			16.88
五	税金	%	9.00		1251.44
	合计				15156.37

52. 露天锚杆 ϕ25 L=4.5m（风钻）

建筑工程单价表

项目：露天锚杆 ϕ25 L=4.5m（风钻）

定额编号：50007×0，50011×0，50006×0.75，50010×0.25　定额单位：100 根

施工方法：风钻钻孔。

单价：198.98 元　　　　单位：根

编号	名称及规格	单位	数量	单价（元）	合价（元）
一	直接费				14031.74
1	基本直接费				13144.49
(1)	人工费				2393.90
	高级熟练工	工时	9.75	10.26	100.04
	熟练工	工时	64.75	7.61	492.75
	半熟练工	工时	127.50	5.95	758.63
	普工	工时	212.75	4.90	1042.48
(2)	材料费				8534.17
	合金钻头	个	11.95	50.00	597.38
	风钻钻杆	kg	5.50	7.00	38.47
	锚杆 ϕ25	kg	1859.25	4.06	7548.56
	接缝砂浆 C30	m^3	0.51	344.35	174.76
	其他材料费	元	175.00	1.00	175.00
(3)	机械使用费				2216.42
	风钻手持式	台时	80.58	25.40	2046.67
	其他机械使用费	元	169.75	1.00	169.75
2	其他直接费	%	6.75		887.25
二	间接费	%	21.46		3011.21
三	利润	%	7.00		1193.01
四	价差	元			19.13
五	税金	%	9.00		1642.96
	合计				19898.05

53. 露天锚杆 ϕ25 L=6m（风钻）

建筑工程单价表

项目：露天锚杆 ϕ25 L=6m（风钻）

定额编号：50011×0，50010×1　　定额单位：100 根

施工方法：风钻钻孔。

单价：272.34 元　　单位：根

编号	名称及规格	单位	数量	单价（元）	合价（元）
一	直接费				19205.35
1	基本直接费				17990.96
(1)	人工费				3352.00
	高级熟练工	工时	12.00	10.26	123.12
	熟练工	工时	88.00	7.61	669.68
	半熟练工	工时	174.00	5.95	1035.30
	普工	工时	311.00	4.90	1523.90
(2)	材料费				11280.40
	合金钻头	个	15.30	50.00	765.00
	风钻钻杆	kg	7.04	7.00	49.28
	锚杆 ϕ25	kg	2466.00	4.06	10011.96
	接缝砂浆 C30	m^3	0.68	344.35	234.16
	其他材料费	元	220.00	1.00	220.00
(3)	机械使用费				3358.56
	风钻手持式	台时	122.03	25.40	3099.56
	其他机械使用费	元	259.00	1.00	259.00
2	其他直接费	%	6.75		1214.39
二	间接费	%	21.46		4121.47
三	利润	%	7.00		1632.88
四	价差	元			25.50
五	税金	%	9.00		2248.67
	合计				27233.86

54. 洞内锚杆 ϕ22 L=2.5m（风钻）

建筑工程单价表

项目：洞内锚杆 ϕ22 L=2.5m（风钻）

定额编号：50155×0.75，50159×0.25　　定额单位：100 根

施工方法：气腿钻钻孔。

单价：120.43 元　　单位：根

编号	名称及规格	单位	数量	单价（元）	合价（元）
一	直接费				8493.49
1	基本直接费				7956.43
(1)	人工费				1706.60
	高级熟练工	工时	8.25	10.26	84.65
	熟练工	工时	47.25	7.61	359.57
	半熟练工	工时	92.75	5.95	551.86
	普工	工时	145.00	4.90	710.50
(2)	材料费				4244.27
	合金钻头	个	8.29	50.00	414.25
	风钻钻杆	kg	4.51	7.00	31.55
	锚杆 ϕ22	kg	813.50	4.06	3302.81
	接缝砂浆 C30	m^3	0.29	344.35	98.14
	其他材料费	元	397.50	1.00	397.50
(3)	机械使用费				2005.56
	风钻气腿式	台时	52.69	36.14	1904.31
	其他机械使用费	元	101.25	1.00	101.25
2	其他直接费	%	6.75		537.06
二	间接费	%	21.46		1822.70
三	利润	%	7.00		722.13
四	价差	元			10.50
五	税金	%	9.00		994.39
	合计				12043.22

55. 洞内锚杆 $\phi22$ L=4m（风钻）

建筑工程单价表

项目：洞内锚杆 $\phi22$ L=4m（风钻）

定额编号：50159×1　　定额单位：100 根

施工方法：气腿钻钻孔。

单价：192.79 元　　单位：根

编号	名称及规格	单位	数量	单价（元）	合价（元）
一	直接费				13596.62
1	基本直接费				12736.88
(1)	人工费				2613.48
	高级熟练工	工时	9.00	10.26	92.34
	熟练工	工时	69.00	7.61	525.09
	半熟练工	工时	137.00	5.95	815.15
	普工	工时	241.00	4.90	1180.90
(2)	材料费				6549.13
	合金钻头	个	13.10	50.00	655.00
	风钻钻杆	kg	7.17	7.00	50.19
	锚杆 $\phi22$	kg	1283.00	4.06	5208.98
	接缝砂浆 C30	m^3	0.45	344.35	154.96
	其他材料费	元	480.00	1.00	480.00
(3)	机械使用费				3574.27
	风钻气腿式	台时	93.92	36.14	3394.27
	其他机械使用费	元	180.00	1.00	180.00
2	其他直接费	%	6.75		859.74
二	间接费	%	21.46		2917.83
三	利润	%	7.00		1156.01
四	价差	元			16.88
五	税金	%	9.00		1591.86
	合计				19279.21

56. 洞内锚杆 $\phi22$ L=3m（风钻）

建筑工程单价表

项目：洞内锚杆 $\phi22$ L=3m（风钻）

定额编号：50155×0.5，50159×0.5　　定额单位：100 根

施工方法：气腿钻钻孔。

单价：144.56 元　　单位：根

编号	名称及规格	单位	数量	单价（元）	合价（元）
一	直接费				10194.52
1	基本直接费				9549.90
(1)	人工费				2008.89
	高级熟练工	工时	8.50	10.26	87.21
	熟练工	工时	54.50	7.61	414.75
	半熟练工	工时	107.50	5.95	639.63
	普工	工时	177.00	4.90	867.30
(2)	材料费				5012.55
	合金钻头	个	9.89	50.00	494.50
	风钻钻杆	kg	5.40	7.00	37.77
	锚杆 $\phi22$	kg	970.00	4.06	3938.20
	接缝砂浆 C30	m^3	0.34	344.35	117.08
	其他材料费	元	425.00	1.00	425.00
(3)	机械使用费				2528.46
	风钻气腿式	台时	66.44	36.14	2400.96
	其他机械使用费	元	127.50	1.00	127.50
2	其他直接费	%	6.75		644.62
二	间接费	%	21.46		2187.74
三	利润	%	7.00		866.76
四	价差	元			13.13
五	税金	%	9.00		1193.59
	合计				14455.74

57. 洞内锚杆 $\phi 22$ $L=4.5$m（风钻）

建筑工程单价表

项目：洞内锚杆 $\phi 22$ $L=4.5$m（风钻）

定额编号：50159×0.75，50163×0.25　　　　定额单位：100 根

施工方法：气腿钻钻孔。

单价：221.62 元　　　　单位：根

编号	名称及规格	单位	数量	单价（元）	合价（元）
一	直接费				15630.23
1	基本直接费				14641.90
(1)	人工费				3040.19
	高级熟练工	工时	9.75	10.26	100.04
	熟练工	工时	79.25	7.61	603.09
	半熟练工	工时	157.25	5.95	935.64
	普工	工时	286.00	4.90	1401.40
(2)	材料费				7294.76
	合金钻头	个	14.46	50.00	722.75
	风钻钻杆	kg	7.91	7.00	55.37
	锚杆 $\phi 22$	kg	1439.50	4.06	5844.37
	接缝砂浆 C30	m^3	0.51	344.35	174.76
	其他材料费	元	497.50	1.00	497.50
(3)	机械使用费				4306.95
	风钻气腿式	台时	113.23	36.14	4091.95
	其他机械使用费	元	215.00	1.00	215.00
2	其他直接费	%	6.75		988.33
二	间接费	%	21.46		3354.25
三	利润	%	7.00		1328.91
四	价差	元			19.13
五	税金	%	9.00		1829.93
	合计				22162.45

58. 洞内锚杆 $\phi 22$ $L=2$m（风钻）

建筑工程单价表

项目：洞内锚杆 $\phi 22$ $L=2$m（风钻）

定额编号：50155×1　　　　定额单位：100 根

施工方法：气腿钻钻孔。

单价：96.31 元　　　　单位：根

编号	名称及规格	单位	数量	单价（元）	合价（元）
一	直接费				6792.39
1	基本直接费				6362.89
(1)	人工费				1404.28
	高级熟练工	工时	8.00	10.26	82.08
	熟练工	工时	40.00	7.61	304.40
	半熟练工	工时	78.00	5.95	464.10
	普工	工时	113.00	4.90	553.70
(2)	材料费				3475.96
	合金钻头	个	6.68	50.00	334.00
	风钻钻杆	kg	3.62	7.00	25.34
	锚杆 $\phi 22$	kg	657.00	4.06	2667.42
	接缝砂浆 C30	m^3	0.23	344.35	79.20
	其他材料费	元	370.00	1.00	370.00
(3)	机械使用费				1482.65
	风钻气腿式	台时	38.95	36.14	1407.65
	其他机械使用费	元	75.00	1.00	75.00
2	其他直接费	%	6.75		429.50
二	间接费	%	21.46		1457.65
三	利润	%	7.00		577.50
四	价差	元			8.63
五	税金	%	9.00		795.25
	合计				9631.42

59. 洞内锚杆 $\phi25$ $L=5m$（风钻）

建筑工程单价表

项目：洞内锚杆 $\phi25$ $L=5m$（风钻）

定额编号：50159×0.5，50163×0.5　　定额单位：100 根

施工方法：气腿钻钻孔。

单价：279.04 元　　单位：根

编号	名称及规格	单位	数量	单价（元）	合价（元）
一	直接费				19681.28
1	基本直接费				18436.80
(1)	人工费				3466.86
	高级熟练工	工时	10.50	10.26	107.73
	熟练工	工时	89.50	7.61	681.10
	半熟练工	工时	177.50	5.95	1056.13
	普工	工时	331.00	4.90	1621.90
(2)	材料费				9930.31
	合金钻头	个	15.81	50.00	790.50
	风钻钻杆	kg	8.65	7.00	60.55
	锚杆 $\phi25$	kg	2061.50	4.06	8369.69
	接缝砂浆 C30	m^3	0.57	344.35	194.56
	其他材料费	元	515.00	1.00	515.00
(3)	机械使用费				5039.63
	风钻气腿式	台时	132.53	36.14	4789.63
	其他机械使用费	元	250.00	1.00	250.00
2	其他直接费	%	6.75		1244.48
二	间接费	%	21.46		4223.60
三	利润	%	7.00		1673.34
四	价差	元			21.38
五	税金	%	9.00		2303.96
	合计				27903.57

60. 洞内锚杆 $\phi22$ $L=5m$（风钻）

建筑工程单价表

项目：洞内锚杆 $\phi22$ $L=5m$（风钻）

定额编号：50159×0.5，50163×0.5　　定额单位：100 根

施工方法：气腿钻钻孔。

单价：250.46 元　　单位：根

编号	名称及规格	单位	数量	单价（元）	合价（元）
一	直接费				17663.78
1	基本直接费				16546.87
(1)	人工费				3466.86
	高级熟练工	工时	10.50	10.26	107.73
	熟练工	工时	89.50	7.61	681.10
	半熟练工	工时	177.50	5.95	1056.13
	普工	工时	331.00	4.90	1621.90
(2)	材料费				8040.38
	合金钻头	个	15.81	50.00	790.50
	风钻钻杆	kg	8.65	7.00	60.55
	锚杆 $\phi22$	kg	1596.00	4.06	6479.76
	接缝砂浆 C30	m^3	0.57	344.35	194.56
	其他材料费	元	515.00	1.00	515.00
(3)	机械使用费				5039.63
	风钻气腿式	台时	132.53	36.14	4789.63
	其他机械使用费	元	250.00	1.00	250.00
2	其他直接费	%	6.75		1116.91
二	间接费	%	21.46		3790.65
三	利润	%	7.00		1501.81
四	价差	元			21.38
五	税金	%	9.00		2067.99
	合计				25045.61

61. 洞内喷混凝土 10cm

建筑工程单价表

项目：洞内喷混凝土 10cm

定额编号：50808×1　　　　定额单位：100m³

施工方法：机械湿喷，平洞支护，有钢筋网。

单价：971.50 元　　　　单位：m³

编号	名称及规格	单位	数量	单价（元）	合价（元）
一	直接费				65964.45
1	基本直接费				61793.40
(1)	人工费				4552.40
	高级熟练工	工时	92.00	10.26	943.92
	熟练工	工时	183.00	7.61	1392.63
	半熟练工	工时	183.00	5.95	1088.85
	普工	工时	230.00	4.90	1127.00
(2)	材料费				37937.96
	水泥 42.5	t	54.27	440.00	23878.80
	砂	m³	72.72	70.00	5090.40
	小石	m³	75.95	40.85	3102.56
	综合水价	m³	55.00	2.84	156.20
	速凝剂	t	1.60	3000.00	4800.00
	其他材料费	元	910.00	1.00	910.00
(3)	机械使用费				17303.84
	混凝土搅拌车 3m³	台时	29.83	164.31	4901.37
	混凝土湿喷机 A90/C	台时	29.83	406.05	12112.47
	其他机械使用费	元	290.00	1.00	290.00
(4)	混凝土拌制上水库混凝土系统	m³	120.00	16.66	1999.20
2	其他直接费	%	6.75		4171.05
二	间接费	%	21.46		14155.97
三	利润	%	7.00		5608.43
四	价差	元			3400.02
五	税金	%	9.00		8021.60
	合计				97150.48

62. 露天喷混凝土 10cm

建筑工程单价表

项目：露天喷混凝土 10cm

定额编号：50798×1　　　　定额单位：100m³

施工方法：机械湿喷，地面护坡，有钢筋网。

单价：909.32 元　　　　单位：m³

编号	名称及规格	单位	数量	单价（元）	合价（元）
一	直接费				61668.70
1	基本直接费				57769.27
(1)	人工费				3988.86
	高级熟练工	工时	80.00	10.26	820.80
	熟练工	工时	161.00	7.61	1225.21
	半熟练工	工时	161.00	5.95	957.95
	普工	工时	201.00	4.90	984.90
(2)	材料费				36728.64
	水泥 42.5	t	52.32	440.00	23020.80
	砂	m³	70.10	70.00	4907.00
	小石	m³	73.22	40.85	2991.04
	综合水价	m³	95.00	2.84	269.80
	速凝剂	t	1.55	3000.00	4650.00
	其他材料费	元	890.00	1.00	890.00
(3)	机械使用费				15119.21
	混凝土搅拌车 3m³	台时	26.14	164.31	4295.06
	混凝土湿喷机 A90/C	台时	26.14	406.05	10614.15
	其他机械使用费	元	210.00	1.00	210.00
(4)	混凝土拌制上水库混凝土系统	m³	116.00	16.66	1932.56
2	其他直接费	%	6.75		3899.43
二	间接费	%	21.46		13234.10
三	利润	%	7.00		5243.20
四	价差	元			3277.85
五	税金	%	9.00		7508.15
	合计				90931.99

63. 洞内喷钢纤维混凝土 70kg

建筑工程单价表

项目：洞内喷钢纤维混凝土 70kg

定额编号：50810×1　　定额单位：100m³

施工方法：机械湿喷，平洞支护。

单价：1553.91 元　　单位：m³

编号	名称及规格	单位	数量	单价（元）	合价（元）
一	直接费				107077.36
1	基本直接费				100306.66
(1)	人工费				3724.70
	高级熟练工	工时	75.00	10.26	769.50
	熟练工	工时	150.00	7.61	1141.50
	半熟练工	工时	150.00	5.95	892.50
	普工	工时	188.00	4.90	921.20
(2)	材料费				79937.96
	水泥 42.5	t	54.27	440.00	23878.80
	砂	m³	72.72	70.00	5090.40
	小石	m³	75.95	40.85	3102.56
	综合水价	m³	55.00	2.84	156.20
	钢纤维	kg	7000.00	6.00	42000.00
	速凝剂	t	1.60	3000.00	4800.00
	其他材料费	元	910.00	1.00	910.00
(3)	机械使用费				14229.60
	混凝土搅拌车 3m³	台时	24.44	164.31	4015.74
	混凝土湿喷机 A90/C	台时	24.44	406.05	9923.86
	其他机械使用费	元	290.00	1.00	290.00
(4)	混凝土拌制下水库混凝土系统	m³	120.00	20.12	2414.40
2	其他直接费	%	6.75		6770.70
二	间接费	%	21.46		22978.80
三	利润	%	7.00		9103.93
四	价差	元			3400.02
五	税金	%	9.00		12830.41
	合计				155390.52

64. 锚束 3ϕ28 L=12m

建筑工程单价表

项目：锚束 3ϕ28 L=12m

定额编号：50335×0.6，50339×0.4　　定额单位：100 束

施工方法：地质钻钻孔。

单价：4538.75 元　　单位：根

编号	名称及规格	单位	数量	单价（元）	合价（元）
一	直接费				319962.82
1	基本直接费				299730.98
(1)	人工费				41762.26
	高级熟练工	工时	314.20	10.26	3223.69
	熟练工	工时	1196.20	7.61	9103.08
	半熟练工	工时	2825.40	5.95	16811.13
	普工	工时	2576.40	4.90	12624.36
(2)	材料费				170034.15
	定位钢筋	kg	511.60	3.40	1739.44
	金刚石钻头 ϕ91	个	64.69	578.00	37393.13
	岩芯管	m	97.40	70.00	6818.00
	地质钻机钻杆 ϕ42	m	40.20	71.00	2854.20
	钻杆	m	40.00	60.00	2400.00
	钻杆接头	个	76.67	70.00	5366.90
	锚杆 ϕ28	kg	18409.80	4.06	74743.79
	扩孔器 ϕ91	个	22.69	483.00	10959.27
	综合水价	m³	6775.20	2.84	19241.57
	电焊条	kg	108.60	7.50	814.50
	接缝砂浆 C30	m³	6.84	344.35	2355.35
	其他材料费	元	5348.00	1.00	5348.00
(3)	机械使用费				87934.57
	地质钻机 150 型	台时	1831.55	42.40	77657.72
	灌浆泵中低压砂浆	台时	30.18	38.31	1156.35
	灰浆搅拌机	台时	30.18	24.86	750.37
	风水枪耗风量 2～6m³/min	台时	33.49	39.13	1310.31
	载重汽车 5t	台时	15.17	140.45	2130.06
	电焊机交流 50kVA	台时	125.34	28.48	3569.74
	其他机械使用费	元	1360.00	1.00	1360.00
2	其他直接费	%	6.75		20231.84
二	间接费	%	21.46		68664.02
三	利润	%	7.00		27203.88
四	价差	元			568.58
五	税金	%	9.00		37475.94
	合计				453875.24

65. 洞内锚杆 ϕ22 L=3.5m（厂房）

建筑工程单价表

项目：洞内锚杆 ϕ22 L=3.5m（厂房）

定额编号：50155×0.1625，50159×0.4875，50207×0.0875，50211×0.2625

定额单位：100 根

施工方法：65%气腿钻钻孔，35%三臂液压台车钻孔。

单价：176.44 元　　单位：根

编号	名称及规格	单位	数量	单价（元）	合价（元）
一	直接费				12442.31
1	基本直接费				11655.56
(1)	人工费				1846.48
	高级熟练工	工时	7.96	10.26	81.70
	熟练工	工时	50.55	7.61	384.69
	半熟练工	工时	99.68	5.95	593.07
	普工	工时	160.61	4.90	787.00
(2)	材料费				5845.89
	钻头 ϕ45～48	个	1.11	80.00	88.41
	合金钻头	个	7.47	50.00	373.59
	风钻钻杆	kg	4.08	7.00	28.59
	钻杆	kg	12.63	13.77	173.95
	锚杆 ϕ22	kg	1126.50	4.06	4573.59
	接缝砂浆 C30	m^3	0.44	344.35	151.72
	其他材料费	元	456.00	1.00	456.00
(3)	机械使用费				3963.19
	风钻气腿式	台时	52.12	36.14	1883.45
	凿岩台车液压三臂	台时	1.66	710.15	1177.50
	液压平台车	台时	4.21	173.93	732.04
	其他机械使用费	元	170.20	1.00	170.20
2	其他直接费	%	6.75		786.75
二	间接费	%	21.46		2670.12
三	利润	%	7.00		1057.87
四	价差	元			16.88
五	税金	%	9.00		1456.85
	合计				17644.03

66. 洞内锚杆 ϕ20 L=2.5m（厂房）

建筑工程单价表

项目：洞内锚杆 ϕ20 L=2.5m（厂房）

定额编号：50155×0.4875，50159×0.1625，50207×0.2625，50211×0.0875

定额单位：100 根

施工方法：65%气腿钻钻孔，35%三臂液压台车钻孔。

单价：118.24 元　　单位：根

编号	名称及规格	单位	数量	单价（元）	合价（元）
一	直接费				8338.09
1	基本直接费				7810.86
(1)	人工费				1402.19
	高级熟练工	工时	7.29	10.26	74.77
	熟练工	工时	39.55	7.61	300.98
	半熟练工	工时	77.53	5.95	461.27
	普工	工时	115.34	4.90	565.15
(2)	材料费				3725.53
	钻头 ϕ45～48	个	0.79	80.00	63.07
	合金钻头	个	5.39	50.00	269.27
	风钻钻杆	kg	2.93	7.00	20.51
	钻杆	kg	9.02	13.77	124.24
	锚杆 ϕ20	kg	674.50	4.06	2738.47
	接缝砂浆 C30	m^3	0.32	344.35	108.99
	其他材料费	元	401.00	1.00	401.00
(3)	机械使用费				2683.14
	风钻气腿式	台时	34.25	36.14	1237.80
	凿岩台车液压三臂	台时	1.14	710.15	808.43
	液压平台车	台时	3.00	173.93	522.00
	其他机械使用费	元	114.90	1.00	114.90
2	其他直接费	%	6.75		527.23
二	间接费	%	21.46		1789.35
三	利润	%	7.00		708.92
四	价差	元			11.63
五	税金	%	9.00		976.32
	合计				11824.32

67. 洞内锚杆 $\phi22$ L=3m（厂房）

建筑工程单价表

项目：洞内锚杆 $\phi22$ L=3m（厂房）

定额编号：50155×0.325，50159×0.325，50207×0.175，50211×0.175

定额单位：100 根

施工方法：65%气腿钻钻孔，35%三臂液压台车钻孔。

单价：151.61 元　　　　单位：根

编号	名称及规格	单位	数量	单价（元）	合价（元）
一	直接费				10691.47
1	基本直接费				10015.43
（1）	人工费				1624.31
	高级熟练工	工时	7.63	10.26	78.23
	熟练工	工时	45.05	7.61	342.83
	半熟练工	工时	88.60	5.95	527.17
	普工	工时	137.98	4.90	676.08
（2）	材料费				5067.89
	钻头 ϕ45～48	个	0.95	80.00	75.74
	合金钻头	个	6.43	50.00	321.43
	风钻钻杆	kg	3.51	7.00	24.55
	钻杆	kg	10.83	13.77	149.09
	锚杆 $\phi22$	kg	970.00	4.06	3938.20
	接缝砂浆 C30	m^3	0.38	344.35	130.37
	其他材料费	元	428.50	1.00	428.50
（3）	机械使用费				3323.23
	风钻气腿式	台时	43.18	36.14	1560.63
	凿岩台车液压三臂	台时	1.40	710.15	993.00
	液压平台车	台时	3.61	173.93	627.04
	其他机械使用费	元	142.55	1.00	142.55
2	其他直接费	%	6.75		676.04
二	间接费	%	21.46		2294.39
三	利润	%	7.00		909.01
四	价差	元			14.25
五	税金	%	9.00		1251.82
	合计				15160.94

68. 洞内锚杆 $\phi22$ L=4m（厂房）

建筑工程单价表

项目：洞内锚杆 $\phi22$ L=4m（厂房）

定额编号：50159×0.65，50211×0.35　　　　定额单位：100 根

施工方法：65%气腿钻钻孔，35%三臂液压台车钻孔。

单价：201.26 元　　　　单位：根

编号	名称及规格	单位	数量	单价（元）	合价（元）
一	直接费				14193.04
1	基本直接费				13295.59
（1）	人工费				2068.60
	高级熟练工	工时	8.30	10.26	85.16
	熟练工	工时	56.05	7.61	426.54
	半熟练工	工时	110.75	5.95	658.96
	普工	工时	183.25	4.90	897.93
（2）	材料费				6623.76
	钻头 ϕ45～48	个	1.26	80.00	101.08
	合金钻头	个	8.52	50.00	425.75
	风钻钻杆	kg	4.66	7.00	32.62
	钻杆	kg	14.44	13.77	198.80
	锚杆 $\phi22$	kg	1283.00	4.06	5208.98
	接缝砂浆 C30	m^3	0.50	344.35	173.04
	其他材料费	元	483.50	1.00	483.50
（3）	机械使用费				4603.23
	风钻气腿式	台时	61.05	36.14	2206.27
	凿岩台车液压三臂	台时	1.92	710.15	1362.07
	液压平台车	台时	4.81	173.93	837.04
	其他机械使用费	元	197.85	1.00	197.85
2	其他直接费	%	6.75		897.45
二	间接费	%	21.46		3045.83
三	利润	%	7.00		1206.72
四	价差	元			18.75
五	税金	%	9.00		1661.79
	合计				20126.13

69. 洞内锚杆 $\phi22$ $L=5m$（厂房）

建筑工程单价表

项目：洞内锚杆 $\phi22$ $L=5m$（厂房）

定额编号：50159×0.325，50163×0.325，50211×0.175，50215×0.175

定额单位：100 根

施工方法：65%气腿钻钻孔，35%三臂液压台车钻孔。

单价：265.27 元　　单位：根

编号	名称及规格	单位	数量	单价（元）	合价（元）
一	直接费				18707.32
1	基本直接费				17524.42
(1)	人工费				2688.44
	高级熟练工	工时	9.63	10.26	98.75
	熟练工	工时	71.30	7.61	542.59
	半熟练工	工时	140.93	5.95	838.50
	普工	工时	246.65	4.90	1208.59
(2)	材料费				8192.47
	钻头 $\phi45\sim48$	个	1.58	80.00	126.14
	合金钻头	个	10.28	50.00	513.83
	风钻钻杆	kg	5.62	7.00	39.36
	钻杆	kg	18.05	13.77	248.52
	钻杆接头	个	0.63	70.00	44.23
	锚杆 $\phi22$	kg	1596.00	4.06	6479.76
	接缝砂浆 C30	m^3	0.63	344.35	216.87
	其他材料费	元	523.75	1.00	523.75
(3)	机械使用费				6643.51
	风钻气腿式	台时	86.14	36.14	3113.26
	凿岩台车液压三臂	台时	3.10	710.15	2199.69
	液压平台车	台时	6.01	173.93	1045.55
	其他机械使用费	元	285.00	1.00	285.00
2	其他直接费	%	6.75		1182.90
二	间接费	%	21.46		4014.59
三	利润	%	7.00		1590.53
四	价差	元			24.00
五	税金	%	9.00		2190.28
	合计				26526.72

70. 洞内锚杆 $\phi25$ $L=3.5m$（厂房）

建筑工程单价表

项目：洞内锚杆 $\phi25$ $L=3.5m$（厂房）

定额编号：50155×0.1625，50159×0.4875，50207×0.0875，50211×0.2625

定额单位：100 根

施工方法：65%气腿钻钻孔，35%三臂液压台车钻孔。

单价：196.61 元　　单位：根

编号	名称及规格	单位	数量	单价（元）	合价（元）
一	直接费				13865.98
1	基本直接费				12989.21
(1)	人工费				1846.48
	高级熟练工	工时	7.96	10.26	81.70
	熟练工	工时	50.55	7.61	384.69
	半熟练工	工时	99.68	5.95	593.07
	普工	工时	160.61	4.90	787.00
(2)	材料费				7179.54
	钻头 $\phi45\sim48$	个	1.11	80.00	88.41
	合金钻头	个	7.47	50.00	373.59
	风钻钻杆	kg	4.08	7.00	28.59
	钻杆	kg	12.63	13.77	173.95
	锚杆 $\phi25$	kg	1454.99	4.06	5907.24
	接缝砂浆 C30	m^3	0.44	344.35	151.72
	其他材料费	元	456.00	1.00	456.00
(3)	机械使用费				3963.19
	风钻气腿式	台时	52.12	36.14	1883.45
	凿岩台车液压三臂	台时	1.66	710.15	1177.50
	液压平台车	台时	4.21	173.93	732.04
	其他机械使用费	元	170.20	1.00	170.20
2	其他直接费	%	6.75		876.77
二	间接费	%	21.46		2975.64
三	利润	%	7.00		1178.91
四	价差	元			16.88
五	税金	%	9.00		1623.37
	合计				19660.78

71. 洞内锚杆 $\phi 25$ L=4.5m（厂房）

建筑工程单价表

项目：洞内锚杆 $\phi 25$ L=4.5m（厂房）

定额编号：50159×0.4875，50163×0.1625，50211×0.2625，50215×0.0875

定额单位：100 根

施工方法：65%气腿钻钻孔，35%三臂液压台车钻孔。

单价：259.04 元　　单位：根

编号	名称及规格	单位	数量	单价（元）	合价（元）
一	直接费				18269.47
1	基本直接费				17114.26
(1)	人工费				2378.52
	高级熟练工	工时	8.96	10.26	91.96
	熟练工	工时	63.68	7.61	484.57
	半熟练工	工时	125.84	5.95	748.73
	普工	工时	214.95	4.90	1053.26
(2)	材料费				9112.34
	钻头 $\phi 45$～48	个	1.42	80.00	113.61
	合金钻头	个	9.40	50.00	469.79
	风钻钻杆	kg	5.14	7.00	35.99
	钻杆	kg	16.24	13.77	223.66
	钻杆接头	个	0.32	70.00	22.11
	锚杆 $\phi 25$	kg	1859.25	4.06	7548.56
	接缝砂浆 C30	m^3	0.57	344.35	194.97
	其他材料费	元	503.63	1.00	503.63
(3)	机械使用费				5623.40
	风钻气腿式	台时	73.60	36.14	2659.77
	凿岩台车液压三臂	台时	2.51	710.15	1780.91
	液压平台车	台时	5.41	173.93	941.29
	其他机械使用费	元	241.43	1.00	241.43
2	其他直接费	%	6.75		1155.21
二	间接费	%	21.46		3920.63
三	利润	%	7.00		1553.31
四	价差	元			21.38
五	税金	%	9.00		2138.83
	合计				25903.62

72. 洞内锚杆 $\phi 25$ L=5m（厂房）

建筑工程单价表

项目：洞内锚杆 $\phi 25$ L=5m（厂房）

定额编号：50159×0.325，50163×0.325，50211×0.175，50215×0.175

定额单位：100 根

施工方法：65%气腿钻钻孔，35%三臂液压台车钻孔灌浆、封孔。

单价：293.85 元　　单位：根

编号	名称及规格	单位	数量	单价（元）	合价（元）
一	直接费				20724.82
1	基本直接费				19414.35
(1)	人工费				2688.44
	高级熟练工	工时	9.63	10.26	98.75
	熟练工	工时	71.30	7.61	542.59
	半熟练工	工时	140.93	5.95	838.50
	普工	工时	246.65	4.90	1208.59
(2)	材料费				10082.40
	钻头 $\phi 45$～48	个	1.58	80.00	126.14
	合金钻头	个	10.28	50.00	513.83
	风钻钻杆	kg	5.62	7.00	39.36
	钻杆	kg	18.05	13.77	248.52
	钻杆接头	个	0.63	70.00	44.23
	锚杆 $\phi 25$	kg	2061.50	4.06	8369.69
	接缝砂浆 C30	m^3	0.63	344.35	216.87
	其他材料费	元	523.75	1.00	523.75
(3)	机械使用费				6643.51
	风钻气腿式	台时	86.14	36.14	3113.26
	凿岩台车液压三臂	台时	3.10	710.15	2199.69
	液压平台车	台时	6.01	173.93	1045.55
	其他机械使用费	元	285.00	1.00	285.00
2	其他直接费	%	6.75		1310.47
二	间接费	%	21.46		4447.55
三	利润	%	7.00		1762.07
四	价差	元			24.00
五	税金	%	9.00		2426.26
	合计				29384.69

73. 洞内锚杆 ϕ25 L=7m（潜孔钻）

建筑工程单价表

项目：洞内锚杆 ϕ25 L=7m（潜孔钻）

定额编号：50239×1　　定额单位：100 根

施工方法：潜孔钻钻孔。

单价：785.03 元　　单位：根

编号	名称及规格	单位	数量	单价（元）	合价（元）
一	直接费				55319.84
1	基本直接费				51821.86
(1)	人工费				9984.09
	高级熟练工	工时	148.00	10.26	1518.48
	熟练工	工时	461.00	7.61	3508.21
	半熟练工	工时	358.00	5.95	2130.10
	普工	工时	577.00	4.90	2827.30
(2)	材料费				20061.20
	潜孔钻钻头 80 型	个	12.68	220.00	2789.60
	钻杆	kg	25.23	13.77	347.42
	锚杆 ϕ25	kg	2870.00	4.06	11652.20
	冲击器	套	1.58	1712.00	2704.96
	接缝砂浆 C30	m^3	3.36	344.35	1157.02
	其他材料费	元	1410.00	1.00	1410.00
(3)	机械使用费				21776.57
	潜孔钻低风压 QZJ-100B	台时	270.03	71.53	19315.25
	灌浆泵中低压砂浆	台时	20.98	38.31	803.74
	灰浆搅拌机	台时	20.98	24.86	521.56
	风水枪耗风量 2～6m^3/min	台时	6.55	39.13	256.30
	载重汽车 5t	台时	4.27	140.45	599.72
	其他机械使用费	元	280.00	1.00	280.00
2	其他直接费	%	6.75		3497.98
二	间接费	%	21.46		11871.64
三	利润	%	7.00		4703.40
四	价差	元			126.00
五	税金	%	9.00		6481.88
	合计				78502.75

74. 洞内锚杆 ϕ28 L=6m（厂房）

建筑工程单价表

项目：洞内锚杆 ϕ28 L=6m（厂房）

定额编号：50215×0.35，50163×0.65　　定额单位：100 根

施工方法：65%气腿钻钻孔，35%三臂液压台车钻孔。

单价：402.02 元　　单位：根

编号	名称及规格	单位	数量	单价（元）	合价（元）
一	直接费				28357.32
1	基本直接费				26564.23
(1)	人工费				3308.30
	高级熟练工	工时	10.95	10.26	112.35
	熟练工	工时	86.55	7.61	658.65
	半熟练工	工时	171.10	5.95	1018.05
	普工	工时	310.05	4.90	1519.25
(2)	材料费				14572.18
	钻头 ϕ45～48	个	1.89	80.00	151.20
	合金钻头	个	12.04	50.00	601.90
	风钻钻杆	kg	6.58	7.00	46.09
	钻杆	kg	21.66	13.77	298.23
	钻杆接头	个	1.26	70.00	88.45
	锚杆 ϕ28	kg	3094.00	4.06	12561.64
	接缝砂浆 C30	m^3	0.76	344.35	260.67
	其他材料费	元	564.00	1.00	564.00
(3)	机械使用费				8683.75
	风钻气腿式	台时	111.24	36.14	4020.25
	凿岩台车液压三臂	台时	4.28	710.15	3037.31
	液压平台车	台时	7.21	173.93	1254.04
	其他机械使用费	元	372.15	1.00	372.15
2	其他直接费	%	6.75		1793.09
二	间接费	%	21.46		6085.48
三	利润	%	7.00		2411.00
四	价差	元			28.50
五	税金	%	9.00		3319.41
	合计				40201.70

75. 洞内锚杆 $\phi25$ $L=6$m（厂房）

建筑工程单价表

项目：洞内锚杆 $\phi25$ $L=6$m（厂房）

定额编号：50215×0.35，50163×0.65　　　　定额单位：100根

施工方法：65％气腿钻钻孔，35％三臂液压台车钻孔。

单价：363.46元　　　　单位：根

编号	名称及规格	单位	数量	单价（元）	合价（元）
一	直接费				25635.53
1	基本直接费				24014.55
(1)	人工费				3308.30
	高级熟练工	工时	10.95	10.26	112.35
	熟练工	工时	86.55	7.61	658.65
	半熟练工	工时	171.10	5.95	1018.05
	普工	工时	310.05	4.90	1519.25
(2)	材料费				12022.50
	钻头 $\phi45$～48	个	1.89	80.00	151.20
	合金钻头	个	12.04	50.00	601.90
	风钻钻杆	kg	6.58	7.00	46.09
	钻杆	kg	21.66	13.77	298.23
	钻杆接头	个	1.26	70.00	88.45
	锚杆 $\phi25$	kg	2466.00	4.06	10011.96
	接缝砂浆 C30	m^3	0.76	344.35	260.67
	其他材料费	元	564.00	1.00	564.00
(3)	机械使用费				8683.75
	风钻气腿式	台时	111.24	36.14	4020.25
	凿岩台车液压三臂	台时	4.28	710.15	3037.31
	液压平台车	台时	7.21	173.93	1254.04
	其他机械使用费	元	372.15	1.00	372.15
2	其他直接费	%	6.75		1620.98
二	间接费	%	21.46		5501.39
三	利润	%	7.00		2179.58
四	价差	元			28.50
五	税金	%	9.00		3001.05
	合计				36346.05

76. 洞内锚杆 $\phi25$ $L=4$m（厂房）

建筑工程单价表

项目：洞内锚杆 $\phi25$ $L=4$m（厂房）

定额编号：50159×0.65，50211×0.35　　　　定额单位：100根

施工方法：65％气腿钻钻孔，35％三臂液压台车钻孔。

单价：224.22元　　　　单位：根

编号	名称及规格	单位	数量	单价（元）	合价（元）
一	直接费				15813.98
1	基本直接费				14814.03
(1)	人工费				2068.60
	高级熟练工	工时	8.30	10.26	85.16
	熟练工	工时	56.05	7.61	426.54
	半熟练工	工时	110.75	5.95	658.96
	普工	工时	183.25	4.90	897.93
(2)	材料费				8142.20
	钻头 $\phi45$～48	个	1.26	80.00	101.08
	合金钻头	个	8.52	50.00	425.75
	风钻钻杆	kg	4.66	7.00	32.62
	钻杆	kg	14.44	13.77	198.80
	锚杆 $\phi25$	kg	1657.00	4.06	6727.42
	接缝砂浆 C30	m^3	0.50	344.35	173.04
	其他材料费	元	483.50	1.00	483.50
(3)	机械使用费				4603.23
	风钻气腿式	台时	61.05	36.14	2206.27
	凿岩台车液压三臂	台时	1.92	710.15	1362.07
	液压平台车	台时	4.81	173.93	837.04
	其他机械使用费	元	197.85	1.00	197.85
2	其他直接费	%	6.75		999.95
二	间接费	%	21.46		3393.68
三	利润	%	7.00		1344.54
四	价差	元			18.75
五	税金	%	9.00		1851.38
	合计				22422.33

77. 洞内锚杆 $\phi28$ $L=7$m（潜孔钻）

建筑工程单价表

项目：洞内锚杆 $\phi28$ $L=7$m（潜孔钻）

定额编号：50239×1　　　　定额单位：100 根

施工方法：潜孔钻钻孔。

单价：829.91 元　　　　单位：根

编号	名称及规格	单位	数量	单价（元）	合价（元）
一	直接费				58488.03
1	基本直接费				54789.72
（1）	人工费				9984.09
	高级熟练工	工时	148.00	10.26	1518.48
	熟练工	工时	461.00	7.61	3508.21
	半熟练工	工时	358.00	5.95	2130.10
	普工	工时	577.00	4.90	2827.30
（2）	材料费				23029.06
	潜孔钻钻头 80 型	个	12.68	220.00	2789.60
	钻杆	kg	25.23	13.77	347.42
	锚杆 $\phi28$	kg	3601.00	4.06	14620.06
	冲击器	套	1.58	1712.00	2704.96
	接缝砂浆 C30	m^3	3.36	344.35	1157.02
	其他材料费	元	1410.00	1.00	1410.00
（3）	机械使用费				21776.57
	潜孔钻低风压 QZJ-100B	台时	270.03	71.53	19315.25
	灌浆泵中低压砂浆	台时	20.98	38.31	803.74
	灰浆搅拌机	台时	20.98	24.86	521.56
	风水枪耗风量 2～6m^3/min	台时	6.55	39.13	256.30
	载重汽车 5t	台时	4.27	140.45	599.72
	其他机械使用费	元	280.00	1.00	280.00
2	其他直接费	%	6.75		3698.31
二	间接费	%	21.46		12551.53
三	利润	%	7.00		4972.77
四	价差	元			126.00
五	税金	%	9.00		6852.45
	合计				82990.77

78. 洞内锚杆 $\phi28$ $L=8$m（潜孔钻）

建筑工程单价表

项目：洞内锚杆 $\phi28$ $L=8$m（潜孔钻）

定额编号：50243×0.33，50239×0.67　　　　定额单位：100 根

施工方法：潜孔钻钻孔。

单价：977.02 元　　　　单位：根

编号	名称及规格	单位	数量	单价（元）	合价（元）
一	直接费				68796.15
1	基本直接费				64446.04
（1）	人工费				11794.07
	高级熟练工	工时	172.75	10.26	1772.42
	熟练工	工时	544.16	7.61	4141.06
	半熟练工	工时	434.89	5.95	2587.60
	普工	工时	672.04	4.90	3293.00
（2）	材料费				26988.32
	定位钢筋	kg	134.64	3.40	457.78
	潜孔钻钻头 80 型	个	14.48	220.00	3184.54
	钻杆	kg	28.80	13.77	396.54
	锚杆 $\phi28$	kg	4102.93	4.06	16657.90
	冲击器	套	1.81	1712.00	3094.78
	电焊条	kg	28.71	7.50	215.33
	接缝砂浆 C30	m^3	3.84	344.35	1320.65
	其他材料费	元	1660.80	1.00	1660.80
（3）	机械使用费				25663.65
	潜孔钻低风压 QZJ-100B	台时	307.06	71.53	21964.19
	灌浆泵中低压砂浆	台时	22.79	38.31	873.02
	灰浆搅拌机	台时	22.79	24.86	566.52
	风水枪耗风量 2～6m^3/min	台时	7.46	39.13	291.94
	载重汽车 5t	台时	4.88	140.45	685.00
	电焊机交流 50kVA	台时	33.36	28.48	950.18
	其他机械使用费	元	332.80	1.00	332.80
2	其他直接费	%	6.75		4350.11
二	间接费	%	21.46		14763.65
三	利润	%	7.00		5849.19
四	价差	元			225.76
五	税金	%	9.00		8067.13
	合计				97701.87

79. 洞内锚杆 $\phi 28$ $L=12$m（潜孔钻）

建 筑 工 程 单 价 表

项目：洞内锚杆 $\phi 28$ $L=12$m（潜孔钻）

定额编号：50243×0.6，50247×0.4　　　　定额单位：100 根

施工方法：潜孔钻钻孔。

单价：1571.79 元　　　　单位：根

编号	名称及规格	单位	数量	单价（元）	合价（元）
一	直接费				110549.87
1	基本直接费				103559.60
(1)	人工费				19354.43
	高级熟练工	工时	280.60	10.26	2878.96
	熟练工	工时	892.20	7.61	6789.64
	半熟练工	工时	729.40	5.95	4339.93
	普工	工时	1091.00	4.90	5345.90
(2)	材料费				42096.44
	定位钢筋	kg	511.60	3.40	1739.44
	潜孔钻钻头 80 型	个	21.74	220.00	4783.68
	钻杆	kg	43.25	13.77	595.52
	锚杆 $\phi 28$	kg	6136.40	4.06	24913.78
	冲击器	套	2.72	1712.00	4660.06
	电焊条	kg	108.60	7.50	814.50
	接缝砂浆 C30	m^3	5.76	344.35	1983.46
	其他材料费	元	2606.00	1.00	2606.00
(3)	机械使用费				42108.73
	潜孔钻低风压 QZJ-100B	台时	488.20	71.53	34921.09
	灌浆泵中低压砂浆	台时	30.18	38.31	1156.35
	灰浆搅拌机	台时	30.18	24.86	750.37
	风水枪耗风量 2～6m^3/min	台时	11.16	39.13	436.61
	载重汽车 5t	台时	7.33	140.45	1028.94
	电焊机交流 50kVA	台时	114.58	28.48	3263.35
	其他机械使用费	元	552.00	1.00	552.00
2	其他直接费	%	6.75		6990.27
二	间接费	%	21.46		23724.00
三	利润	%	7.00		9399.17
四	价差	元			528.08
五	税金	%	9.00		12978.10
	合计				157179.23

80. 洞内锚杆 $\phi 32$ $L=7.5$m（潜孔钻）

建 筑 工 程 单 价 表

项目：洞内锚杆 $\phi 32$ $L=7.5$m（潜孔钻）

定额编号：50239×0.83，50243×0.17　　　　定额单位：100 根

施工方法：潜孔钻钻孔。

单价：978.29 元　　　　单位：根

编号	名称及规格	单位	数量	单价（元）	合价（元）
一	直接费				68922.85
1	基本直接费				64564.73
(1)	人工费				10916.51
	高级熟练工	工时	160.75	10.26	1649.30
	熟练工	工时	503.84	7.61	3834.22
	半熟练工	工时	397.61	5.95	2365.78
	普工	工时	625.96	4.90	3067.20
(2)	材料费				29869.19
	定位钢筋	kg	69.36	3.40	235.82
	潜孔钻钻头 80 型	个	13.60	220.00	2993.06
	钻杆	kg	27.07	13.77	372.72
	锚杆 $\phi 32$	kg	5041.96	4.06	20470.36
	冲击器	套	1.70	1712.00	2905.78
	电焊条	kg	14.79	7.50	110.93
	接缝砂浆 C30	m^3	3.60	344.35	1241.31
	其他材料费	元	1539.20	1.00	1539.20
(3)	机械使用费				23779.03
	潜孔钻低风压 QZJ-100B	台时	289.11	71.53	20679.85
	灌浆泵中低压砂浆	台时	21.91	38.31	839.43
	灰浆搅拌机	台时	21.91	24.86	544.72
	风水枪耗风量 2～6m^3/min	台时	7.02	39.13	274.66
	载重汽车 5t	台时	4.58	140.45	643.65
	电焊机交流 50kVA	台时	17.19	28.48	489.49
	其他机械使用费	元	307.20	1.00	307.20
2	其他直接费	%	6.75		4358.12
二	间接费	%	21.46		14790.84
三	利润	%	7.00		5859.96
四	价差	元			177.69
五	税金	%	9.00		8077.62
	合计				97828.96

81. 洞内锚杆 $\phi32$ $L=8$m（潜孔钻）

建筑工程单价表

项目：洞内锚杆 $\phi32$ $L=8$m（潜孔钻）

定额编号：50239×0.67，50243×0.33　　定额单位：100 根

施工方法：潜孔钻钻孔。

单价：1054.20 元　　单位：根

编号	名称及规格	单位	数量	单价（元）	合价（元）
一	直接费				74244.52
1	基本直接费				69549.90
(1)	人工费				11794.07
	高级熟练工	工时	172.75	10.26	1772.42
	熟练工	工时	544.16	7.61	4141.06
	半熟练工	工时	434.89	5.95	2587.60
	普工	工时	672.04	4.90	3293.00
(2)	材料费				32092.18
	定位钢筋	kg	134.64	3.40	457.78
	潜孔钻钻头 80 型	个	14.48	220.00	3184.54
	钻杆	kg	28.80	13.77	396.54
	锚杆 $\phi32$	kg	5360.04	4.06	21761.76
	冲击器	套	1.81	1712.00	3094.78
	电焊条	kg	28.71	7.50	215.33
	接缝砂浆 C30	m^3	3.84	344.35	1320.65
	其他材料费	元	1660.80	1.00	1660.80
(3)	机械使用费				25663.65
	潜孔钻低风压 QZJ-100B	台时	307.06	71.53	21964.19
	灌浆泵中低压砂浆	台时	22.79	38.31	873.02
	灰浆搅拌机	台时	22.79	24.86	566.52
	风水枪耗风量 2～6m^3/min	台时	7.46	39.13	291.94
	载重汽车 5t	台时	4.88	140.45	685.00
	电焊机交流 50kVA	台时	33.36	28.48	950.18
	其他机械使用费	元	332.80	1.00	332.80
2	其他直接费	%	6.75		4694.62
二	间接费	%	21.46		15932.87
三	利润	%	7.00		6312.42
四	价差	元			225.76
五	税金	%	9.00		8704.40
	合计				105419.97

82. 洞内锚杆 $\phi32$ $L=9$m（潜孔钻）

建筑工程单价表

项目：洞内锚杆 $\phi32$ $L=9$m（潜孔钻）

定额编号：50239×0.33，50243×0.67　　定额单位：100 根

施工方法：潜孔钻钻孔。

单价：1215.52 元　　单位：根

编号	名称及规格	单位	数量	单价（元）	合价（元）
一	直接费				85553.19
1	基本直接费				80143.50
(1)	人工费				13658.89
	高级熟练工	工时	198.25	10.26	2034.05
	熟练工	工时	629.84	7.61	4793.08
	半熟练工	工时	514.11	5.95	3058.95
	普工	工时	769.96	4.90	3772.80
(2)	材料费				36816.08
	定位钢筋	kg	273.36	3.40	929.42
	潜孔钻钻头 80 型	个	16.32	220.00	3591.46
	钻杆	kg	32.47	13.77	447.15
	锚杆 $\phi32$	kg	6035.96	4.06	24506.00
	冲击器	套	2.04	1712.00	3496.42
	电焊条	kg	58.29	7.50	437.18
	接缝砂浆 C30	m^3	4.32	344.35	1489.24
	其他材料费	元	1919.20	1.00	1919.20
(3)	机械使用费				29668.53
	潜孔钻低风压 QZJ-100B	台时	345.22	71.53	24693.40
	灌浆泵中低压砂浆	台时	24.65	38.31	944.40
	灰浆搅拌机	台时	24.65	24.86	612.84
	风水枪耗风量 2～6m^3/min	台时	8.40	39.13	328.66
	载重汽车 5t	台时	5.50	140.45	772.87
	电焊机交流 50kVA	台时	67.74	28.48	1929.15
	其他机械使用费	元	387.20	1.00	387.20
2	其他直接费	%	6.75		5409.69
二	间接费	%	21.46		18359.71
三	利润	%	7.00		7273.90
四	价差	元			329.13
五	税金	%	9.00		10036.43
	合计				121552.37

83. 洞内锚杆 $\phi 32$ $L=11m$（潜孔钻）

建筑工程单价表

项目：洞内锚杆 $\phi 32$ $L=11m$（潜孔钻）

定额编号：50243×0.8，50247×0.2　　定额单位：100 根

施工方法：潜孔钻钻孔。

单价：1529.68 元　　单位：根

编号	名称及规格	单位	数量	单价（元）	合价（元）
一	直接费				107615.25
1	基本直接费				100810.54
(1)	人工费				17411.63
	高级熟练工	工时	251.80	10.26	2583.47
	熟练工	工时	802.60	7.61	6107.79
	半熟练工	工时	660.20	5.95	3928.19
	普工	工时	978.00	4.90	4792.20
(2)	材料费				45566.75
	定位钢筋	kg	459.80	3.40	1563.32
	潜孔钻钻头 80 型	个	19.93	220.00	4385.04
	钻杆	kg	39.64	13.77	545.90
	锚杆 $\phi 32$	kg	7354.60	4.06	29859.68
	冲击器	套	2.50	1712.00	4273.15
	电焊条	kg	97.80	7.50	733.50
	接缝砂浆 C30	m^3	5.28	344.35	1818.17
	其他材料费	元	2388.00	1.00	2388.00
(3)	机械使用费				37832.16
	潜孔钻低风压 QZJ-100B	台时	435.23	71.53	31131.72
	灌浆泵中低压砂浆	台时	28.32	38.31	1085.02
	灰浆搅拌机	台时	28.32	24.86	704.08
	风水枪耗风量 2～6m^3/min	台时	10.23	39.13	400.46
	载重汽车 5t	台时	6.72	140.45	943.54
	电焊机交流 50kVA	台时	107.84	28.48	3071.34
	其他机械使用费	元	496.00	1.00	496.00
2	其他直接费	%	6.75		6804.71
二	间接费	%	21.46		23094.23
三	利润	%	7.00		9149.66
四	价差	元			478.48
五	税金	%	9.00		12630.39
	合计				152968.01

84. 洞内锚杆 $\phi 36$ $L=9m$（潜孔钻）

建筑工程单价表

项目：洞内锚杆 $\phi 36$ $L=9m$（潜孔钻）

定额编号：50239×0.33，50243×0.67　　定额单位：100 根

施工方法：潜孔钻钻孔。

单价：1263.32 元　　单位：根

编号	名称及规格	单位	数量	单价（元）	合价（元）
一	直接费				88927.17
1	基本直接费				83304.14
(1)	人工费				13658.89
	高级熟练工	工时	198.25	10.26	2034.05
	熟练工	工时	629.84	7.61	4793.08
	半熟练工	工时	514.11	5.95	3058.95
	普工	工时	769.96	4.90	3772.80
(2)	材料费				39976.72
	定位钢筋	kg	273.36	3.40	929.42
	潜孔钻钻头 80 型	个	16.32	220.00	3591.46
	钻杆	kg	32.47	13.77	447.15
	锚杆 $\phi 36$	kg	7642.72	3.62	27666.65
	冲击器	套	2.04	1712.00	3496.42
	电焊条	kg	58.29	7.50	437.18
	接缝砂浆 C30	m^3	4.32	344.35	1489.24
	其他材料费	元	1919.20	1.00	1919.20
(3)	机械使用费				29668.53
	潜孔钻低风压 QZJ-100B	台时	345.22	71.53	24693.40
	灌浆泵中低压砂浆	台时	24.65	38.31	944.40
	灰浆搅拌机	台时	24.65	24.86	612.84
	风水枪耗风量 2～6m^3/min	台时	8.40	39.13	328.66
	载重汽车 5t	台时	5.50	140.45	772.87
	电焊机交流 50kVA	台时	67.74	28.48	1929.15
	其他机械使用费	元	387.20	1.00	387.20
2	其他直接费	%	6.75		5623.03
二	间接费	%	21.46		19083.77
三	利润	%	7.00		7560.77
四	价差	元			329.13
五	税金	%	9.00		10431.08
	合计				126331.91

85. 洞内锚杆 $\phi36$ $L=8m$（潜孔钻）

建筑工程单价表

项目：洞内锚杆 $\phi36$ $L=8m$（潜孔钻）

定额编号：50239×0.67，50243×0.33　　　　定额单位：100 根

施工方法：潜孔钻钻孔。

单价：1096.67 元　　　　单位：根

编号	名称及规格	单位	数量	单价（元）	合价（元）
一	直接费				77242.27
1	基本直接费				72358.10
(1)	人工费				11794.07
	高级熟练工	工时	172.75	10.26	1772.42
	熟练工	工时	544.16	7.61	4141.06
	半熟练工	工时	434.89	5.95	2587.60
	普工	工时	672.04	4.90	3293.00
(2)	材料费				34900.38
	定位钢筋	kg	134.64	3.40	457.78
	潜孔钻钻头 80 型	个	14.48	220.00	3184.54
	钻杆	kg	28.80	13.77	396.54
	锚杆 $\phi36$	kg	6787.28	3.62	24569.95
	冲击器	套	1.81	1712.00	3094.78
	电焊条	kg	28.71	7.50	215.33
	接缝砂浆 C30	m^3	3.84	344.35	1320.65
	其他材料费	元	1660.80	1.00	1660.80
(3)	机械使用费				25663.65
	潜孔钻低风压 QZJ-100B	台时	307.06	71.53	21964.19
	灌浆泵中低压砂浆	台时	22.79	38.31	873.02
	灰浆搅拌机	台时	22.79	24.86	566.52
	风水枪耗风量 2～6m^3/min	台时	7.46	39.13	291.94
	载重汽车 5t	台时	4.88	140.45	685.00
	电焊机交流 50kVA	台时	33.36	28.48	950.18
	其他机械使用费	元	332.80	1.00	332.80
2	其他直接费	%	6.75		4884.17
二	间接费	%	21.46		16576.19
三	利润	%	7.00		6567.29
四	价差	元			225.76
五	税金	%	9.00		9055.04
	合计				109666.55

86. 洞内锚杆 $\phi36$ $L=10m$（潜孔钻）

建筑工程单价表

项目：洞内锚杆 $\phi36$ $L=10m$（潜孔钻）

定额编号：50243×1　　　　定额单位：100 根

施工方法：潜孔钻钻孔。

单价：1425.06 元　　　　单位：根

编号	名称及规格	单位	数量	单价（元）	合价（元）
一	直接费				100268.36
1	基本直接费				93928.21
(1)	人工费				15468.86
	高级熟练工	工时	223.00	10.26	2287.98
	熟练工	工时	713.00	7.61	5425.93
	半熟练工	工时	591.00	5.95	3516.45
	普工	工时	865.00	4.90	4238.50
(2)	材料费				44903.75
	定位钢筋	kg	408.00	3.40	1387.20
	潜孔钻钻头 80 型	个	18.12	220.00	3986.40
	钻杆	kg	36.04	13.77	496.27
	锚杆 $\phi36$	kg	8473.00	3.62	30672.26
	冲击器	套	2.27	1712.00	3886.24
	电焊条	kg	87.00	7.50	652.50
	接缝砂浆 C30	m^3	4.80	344.35	1652.88
	其他材料费	元	2170.00	1.00	2170.00
(3)	机械使用费				33555.60
	潜孔钻低风压 QZJ-100B	台时	382.25	71.53	27342.34
	灌浆泵中低压砂浆	台时	26.46	38.31	1013.68
	灰浆搅拌机	台时	26.46	24.86	657.80
	风水枪耗风量 2～6m^3/min	台时	9.31	39.13	364.30
	载重汽车 5t	台时	6.11	140.45	858.15
	电焊机交流 50kVA	台时	101.10	28.48	2879.33
	其他机械使用费	元	440.00	1.00	440.00
2	其他直接费	%	6.75		6340.15
二	间接费	%	21.46		21517.59
三	利润	%	7.00		8525.02
四	价差	元			428.88
五	税金	%	9.00		11766.59
	合计				142506.44

87. 洞内锚杆 $\phi36$ L=12m（潜孔钻）

建筑工程单价表

项目：洞内锚杆 $\phi36$ L=12m（潜孔钻）

定额编号：50243×0.6，50247×0.4　　定额单位：100 根

施工方法：潜孔钻钻孔。

单价：1750.73 元　　单位：根

编号	名称及规格	单位	数量	单价（元）	合价（元）
一	直接费				123181.43
1	基本直接费				115392.44
（1）	人工费				19354.43
	高级熟练工	工时	280.60	10.26	2878.96
	熟练工	工时	892.20	7.61	6789.64
	半熟练工	工时	729.40	5.95	4339.93
	普工	工时	1091.00	4.90	5345.90
（2）	材料费				53929.28
	定位钢筋	kg	511.60	3.40	1739.44
	潜孔钻钻头 80 型	个	21.74	220.00	4783.68
	钻杆	kg	43.25	13.77	595.52
	锚杆 $\phi36$	kg	10151.00	3.62	36746.62
	冲击器	套	2.72	1712.00	4660.06
	电焊条	kg	108.60	7.50	814.50
	接缝砂浆 C30	m^3	5.76	344.35	1983.46
	其他材料费	元	2606.00	1.00	2606.00
（3）	机械使用费				42108.73
	潜孔钻低风压 QZJ-100B	台时	488.20	71.53	34921.09
	灌浆泵中低压砂浆	台时	30.18	38.31	1156.35
	灰浆搅拌机	台时	30.18	24.86	750.37
	风水枪耗风量 2～6m^3/min	台时	11.16	39.13	436.61
	载重汽车 5t	台时	7.33	140.45	1028.94
	电焊机交流 50kVA	台时	114.58	28.48	3263.35
	其他机械使用费	元	552.00	1.00	552.00
2	其他直接费	%	6.75		7788.99
二	间接费	%	21.46		26434.73
三	利润	%	7.00		10473.13
四	价差	元			528.08
五	税金	%	9.00		14455.56
	合计				175072.94

88. 洞内预应力锚杆 $\phi32$ L=10m

建筑工程单价表

项目：洞内预应力锚杆 $\phi32$ L=10m

定额编号：50354×1　　定额单位：根

施工方法：潜孔钻钻孔。

单价：3355.31 元　　单位：根

编号	名称及规格	单位	数量	单价（元）	合价（元）
一	直接费				2353.76
1	基本直接费				2204.93
（1）	人工费				561.97
	高级熟练工	工时	5.25	10.26	53.87
	熟练工	工时	26.25	7.61	199.76
	半熟练工	工时	38.85	5.95	231.16
	普工	工时	15.75	4.90	77.18
（2）	材料费				737.22
	钢筋	kg	17.00	3.40	57.80
	钻杆 $\phi50$	kg	0.36	9.00	3.24
	锚杆 $\phi32$	kg	72.96	4.06	296.22
	单根钢筋锚具	套	1.05	150.00	157.50
	冲击器	套	0.02	1712.00	34.24
	电焊条	kg	1.44	7.50	10.80
	C30 SN42.5 级配 2	m^3	0.22	220.80	48.58
	接缝砂浆 C30	m^3	0.10	344.35	34.44
	钻头 80 型	个	0.18	230.00	41.40
	其他材料费	元	53.00	1.00	53.00
（3）	机械使用费				905.74
	风镐铲手持式	台时	0.41	9.80	4.02
	潜孔钻低风压 QZJ-100B	台时	6.46	71.53	462.08
	灌浆泵中低压砂浆	台时	1.04	41.76	43.43
	灰浆搅拌机	台时	1.04	24.86	25.85
	风水枪耗风量 2～6m^3/min	台时	0.15	39.13	5.87
	载重汽车 5t	台时	1.03	140.45	144.66
	汽车起重机柴油型 8t	台时	1.03	117.38	120.90
	链式起重机电动　1t	台时	0.56	3.00	1.68
	张拉千斤顶 YCQ-100	台时	0.62	0.62	0.38
	电动油泵型号 ZB4-500	台时	0.62	34.10	21.14
	电焊机交流 50kVA	台时	1.59	28.48	45.28
	其他机械使用费	元	30.45	1.00	30.45
2	其他直接费	%	6.75		148.83
二	间接费	%	21.46		505.12
三	利润	%	7.00		200.12
四	价差	元			19.27
五	税金	%	9.00		277.04
	合计				3355.32

89. 洞内预应力锚杆 $\phi 36$ $L=12m$

建筑工程单价表

项目：洞内预应力锚杆 $\phi 36$ $L=12m$

定额编号：50354×0.6，50355×0.4　　定额单位：根

施工方法：潜孔钻钻孔。

单价：4228.21 元　　单位：根

编号	名称及规格	单位	数量	单价（元）	合价（元）
一	直接费				2968.78
1	基本直接费				2781.06
(1)	人工费				647.60
	高级熟练工	工时	6.51	10.26	66.79
	熟练工	工时	30.03	7.61	228.53
	半熟练工	工时	43.47	5.95	258.65
	普工	工时	19.11	4.90	93.64
(2)	材料费				1101.73
	钢筋	kg	18.20	3.40	61.88
	钻杆 $\phi 50$	kg	0.43	9.00	3.89
	锚杆 $\phi 36$	kg	108.80	3.62	393.86
	单根钢筋锚具	套	0.63	150.00	94.50
	工作锚具	套	0.42	700.00	294.00
	冲击器	套	0.02	1712.00	41.09
	电焊条	kg	1.81	7.50	13.56
	C30 SN42.5 级配 2	m^3	0.22	220.80	48.58
	接缝砂浆 C30	m^3	0.12	344.35	41.32
	钻头 80 型	个	0.22	230.00	49.68
	其他材料费	元	59.40	1.00	59.40
(3)	机械使用费				1031.73
	风镐铲手持式	台时	0.48	9.80	4.72
	潜孔钻低风压 QZJ-100B	台时	7.75	71.53	554.21
	灌浆泵中低压砂浆	台时	1.39	41.76	58.05
	灰浆搅拌机	台时	1.36	24.86	33.81
	风水枪耗风量 2～6m^3/min	台时	0.18	39.13	6.97
	载重汽车 5t	台时	1.03	140.45	144.66

续表

编号	名称及规格	单位	数量	单价（元）	合价（元）
	汽车起重机柴油型 8t	台时	1.03	117.38	120.90
	链式起重机电动　1t	台时	0.67	3.00	2.00
	张拉千斤顶 YCQ-100	台时	0.62	0.62	0.38
	电动油泵型号 ZB4-500	台时	0.62	34.10	21.14
	电焊机交流 50kVA	台时	1.78	28.48	50.64
	其他机械使用费	元	34.23	1.00	34.23
2	其他直接费	%	6.75		187.72
二	间接费	%	21.46		637.10
三	利润	%	7.00		252.41
四	价差	元			20.80
五	税金	%	9.00		349.12
	合计				4228.21

90. 洞内锚索 1000kN $L=20m$（地质钻机）

建筑工程单价表

项目：洞内锚索 1000kN $L=20m$（地质钻机）

定额编号：50520×1　　定额单位：束

施工方法：无黏结式岩石预应力锚索，地质钻钻孔。

单价：19109.10 元　　单位：根

编号	名称及规格	单位	数量	单价（元）	合价（元）
一	直接费				13435.73
1	基本直接费				12586.16
(1)	人工费				2090.88
	高级熟练工	工时	17.17	10.26	176.16
	熟练工	工时	72.72	7.61	553.40
	半熟练工	工时	132.31	5.95	787.24
	普工	工时	117.16	4.90	574.08
(2)	材料费				6858.20
	水泥浆 1∶0.32	m^3	0.40	608.00	243.20
	钢筋	kg	45.00	3.40	153.00
	预埋钢管 1.5″	m	1.10	40.00	44.00

续表

编号	名称及规格	单位	数量	单价（元）	合价（元）
	定向钢套管 ϕ121×4	m	1.10	170.00	187.00
	金刚石钻头 ϕ130	个	1.08	1045.00	1128.60
	岩芯管	m	1.63	70.00	114.10
	地质钻机钻杆 ϕ50	m	1.33	84.00	111.72
	钻杆接头	个	1.28	70.00	89.60
	锚具 OVM15～7	套	1.00	306.00	306.00
	扩孔器 ϕ130	个	0.38	545.00	207.10
	综合水价	m^3	167.00	2.84	474.28
	导向帽	个	1.00	30.00	30.00
	混凝土墩钢垫板	kg	12.00	8.50	102.00
	灌浆管聚氯乙烯 3/4″	m	45.00	8.00	360.00
	内外支架	个	30.00	15.00	450.00
	工具锚夹片摊销	付	0.70	60.00	42.00
	无黏结钢绞线	kg	204.00	9.50	1938.00
	C30 SN42.5 级配 2	m^3	2.00	220.80	441.60
	其他材料费	元	436.00	1.00	436.00
(3)	机械使用费				3637.08
	地质钻机 300 型	台时	37.69	49.01	1847.19
	灌浆泵中低压泥浆	台时	1.25	39.14	48.93
	灰浆搅拌机	台时	1.25	24.86	31.08
	载重汽车 5t	台时	5.10	140.45	716.30
	汽车起重机柴油型 8t	台时	5.23	117.38	613.90
	张拉千斤顶 YKD-18	台时	0.57	0.17	0.10
	张拉千斤顶 YCW-150	台时	3.97	3.73	14.81
	电动油泵型号 ZB4-500	台时	4.53	34.10	154.47
	电焊机直流 30kVA	台时	0.54	25.83	13.95
	其他机械使用费	元	196.35	1.00	196.35
2	其他直接费	%	6.75		849.57
二	间接费	%	21.46		2883.31
三	利润	%	7.00		1142.33
四	价差	元			69.91
五	税金	%	9.00		1577.81
	合计				19109.09

91. 洞内锚索 1000kN $L=25$m（地质钻机）

建筑工程单价表

项目：洞内锚索 1000kN $L=25$m（地质钻机）

定额编号：50521×1　　定额单位：束

施工方法：无黏结式岩石预应力锚索，地质钻钻孔。

单价：22682.33 元　　单位：根

编号	名称及规格	单位	数量	单价（元）	合价（元）
一	直接费				15958.16
1	基本直接费				14949.10
(1)	人工费				2446.48
	高级熟练工	工时	21.21	10.26	217.61
	熟练工	工时	81.81	7.61	622.57
	半熟练工	工时	153.52	5.95	913.44
	普工	工时	141.40	4.90	692.86
(2)	材料费				8171.60
	水泥浆 1∶0.32	m^3	0.50	608.00	304.00
	钢筋	kg	45.00	3.40	153.00
	预埋钢管 1.5″	m	1.10	40.00	44.00
	定向钢套管 ϕ121×4	m	1.10	170.00	187.00
	金刚石钻头 ϕ130	个	1.35	1045.00	1410.75
	岩芯管	m	2.03	70.00	142.10
	地质钻机钻杆 ϕ50	m	1.66	84.00	139.44
	钻杆接头	个	1.60	70.00	112.00
	锚具 OVM15～7	套	1.00	306.00	306.00
	扩孔器 ϕ130	个	0.47	545.00	256.15
	综合水价	m^3	209.00	2.84	593.56
	导向帽	个	1.00	30.00	30.00
	混凝土墩钢垫板	kg	12.00	8.50	102.00
	灌浆管聚氯乙烯 3/4″	m	57.00	8.00	456.00
	内外支架	个	37.00	15.00	555.00
	工具锚夹片摊销	付	0.70	60.00	42.00
	无黏结钢绞线	kg	250.00	9.50	2375.00
	C30 SN42.5 级配 2	m^3	2.00	220.80	441.60

续表

编号	名称及规格	单位	数量	单价（元）	合价（元）
	其他材料费	元	522.00	1.00	522.00
(3)	机械使用费				4331.02
	地质钻机 300 型	台时	47.11	49.01	2308.86
	灌浆泵中低压泥浆	台时	1.56	39.14	61.06
	灰浆搅拌机	台时	1.56	24.86	38.78
	载重汽车 5t	台时	5.51	140.45	773.88
	汽车起重机柴油型 8t	台时	6.25	117.38	733.63
	张拉千斤顶　YKD-18	台时	0.59	0.17	0.10
	张拉千斤顶 YCW-150	台时	4.15	3.73	15.48
	电动油泵型号 ZB4-500	台时	4.74	34.10	161.63
	电焊机直流 30kVA	台时	0.54	25.83	13.95
	其他机械使用费	元	223.65	1.00	223.65
2	其他直接费	%	6.75		1009.06
二	间接费	%	21.46		3424.62
三	利润	%	7.00		1356.80
四	价差	元			69.91
五	税金	%	9.00		1872.85
	合计				22682.35

92. 洞内锚索 2000kN L=20m（地质钻机）

建筑工程单价表

项目：洞内锚索 2000kN L=20m（地质钻机）

定额编号：50534×1　　定额单位：束

施工方法：无黏结式岩石预应力锚索，地质钻钻孔。

单价：26550.67 元　　单位：束

编号	名称及规格	单位	数量	单价（元）	合价（元）
一	直接费				18688.89
1	基本直接费				17507.16
(1)	人工费				2792.85
	高级熟练工	工时	23.23	10.26	238.34
	熟练工	工时	92.92	7.61	707.12
	半熟练工	工时	175.74	5.95	1045.65
	普工	工时	163.62	4.90	801.74
(2)	材料费				9772.82
	水泥浆 1∶0.32	m^3	0.61	608.00	370.88
	钢筋	kg	45.00	3.40	153.00
	预埋钢管 1.5″	m	1.10	40.00	44.00
	定向钢套管 ϕ180×5	m	1.10	180.00	198.00
	金刚石钻头 ϕ168	个	1.08	1450.00	1566.00
	岩芯管	m	1.63	70.00	114.10
	地质钻机钻杆 ϕ50	m	1.33	84.00	111.72
	钻杆接头	个	1.28	70.00	89.60
	锚具 OVM15～12	套	1.00	853.00	853.00
	扩孔器 ϕ168	个	0.38	560.00	212.80
	综合水价	m^3	218.00	2.84	619.12
	导向帽	个	1.00	30.00	30.00
	混凝土墩钢垫板	kg	12.00	8.50	102.00
	灌浆管聚氯乙烯 3/4″	m	45.00	8.00	360.00
	内外支架	个	30.00	15.00	450.00

续表

编号	名称及规格	单位	数量	单价（元）	合价（元）
	工具锚夹片摊销	付	1.20	60.00	72.00
	无黏结钢绞线	kg	350.00	9.50	3325.00
	C30 SN42.5 级配 2	m^3	2.00	220.80	441.60
	其他材料费	元	660.00	1.00	660.00
（3）	机械使用费				4941.49
	地质钻机 300 型	台时	49.20	49.01	2411.29
	灌浆泵中低压泥浆	台时	2.19	39.14	85.72
	灰浆搅拌机	台时	2.19	24.86	54.44
	载重汽车 5t	台时	6.40	140.45	898.88
	汽车起重机柴油型 8t	台时	8.46	117.38	993.03
	张拉千斤顶　YKD-18	台时	0.73	0.17	0.12
	张拉千斤顶 YCW-250	台时	5.16	4.69	24.20
	电动油泵型号 ZB4-500	台时	5.88	34.10	200.51
	电焊机直流 30kVA	台时	0.54	25.83	13.95
	其他机械使用费	元	259.35	1.00	259.35
2	其他直接费	%	6.75		1181.73
二	间接费	%	21.46		4010.64
三	利润	%	7.00		1588.97
四	价差	元			69.91
五	税金	%	9.00		2192.26
	合计				26550.66

93. 洞内锚索 2000kN L=25m（地质钻机）

建筑工程单价表

项目：洞内锚索 2000kN L=25m（地质钻机）

定额编号：50535×1　　定额单位：束

施工方法：无黏结式岩石预应力锚索，地质钻钻孔。

单价：31597.27 元　　单位：束

编号	名称及规格	单位	数量	单价（元）	合价（元）
一	直接费				22251.40
1	基本直接费				20844.40
（1）	人工费				3291.45
	高级熟练工	工时	28.28	10.26	290.15
	熟练工	工时	105.04	7.61	799.35
	半熟练工	工时	207.05	5.95	1231.95
	普工	工时	197.96	4.90	970.00
（2）	材料费				11617.74
	水泥浆 1∶0.32	m^3	0.76	608.00	462.08
	钢筋	kg	45.00	3.40	153.00
	预埋钢管 1.5″	m	1.10	40.00	44.00
	定向钢套管 ϕ180×5	m	1.10	180.00	198.00
	金刚石钻头 ϕ168	个	1.35	1450.00	1957.50
	岩芯管	m	2.03	70.00	142.10
	地质钻机钻杆 ϕ50	m	1.66	84.00	139.44
	钻杆接头	个	1.60	70.00	112.00
	锚具 OVM15～12	套	1.00	853.00	853.00
	扩孔器 ϕ168	个	0.47	560.00	263.20
	综合水价	m^3	273.00	2.84	775.32
	导向帽	个	1.00	30.00	30.00
	混凝土墩钢垫板	kg	12.00	8.50	102.00
	灌浆管聚氯乙烯 3/4″	m	57.00	8.00	456.00
	内外支架	个	37.00	15.00	555.00

续表

编号	名称及规格	单位	数量	单价（元）	合价（元）
	工具锚夹片摊销	付	1.20	60.00	72.00
	无黏结钢绞线	kg	429.00	9.50	4075.50
	C30 SN42.5 级配 2	m^3	2.00	220.80	441.60
	其他材料费	元	786.00	1.00	786.00
(3)	机械使用费				5935.21
	地质钻机 300 型	台时	61.50	49.01	3014.12
	灌浆泵中低压泥浆	台时	2.75	39.14	107.64
	灰浆搅拌机	台时	2.75	24.86	68.37
	载重汽车 5t	台时	7.10	140.45	997.20
	汽车起重机柴油型 8t	台时	10.21	117.38	1198.45
	张拉千斤顶 YKD-18	台时	0.77	0.17	0.13
	张拉千斤顶 YCW-250	台时	5.40	4.69	25.33
	电动油泵型号 ZB4-500	台时	6.15	34.10	209.72
	电焊机直流 30kVA	台时	0.54	25.83	13.95
	其他机械使用费	元	300.30	1.00	300.30
2	其他直接费	%	6.75		1407.00
二	间接费	%	21.46		4775.15
三	利润	%	7.00		1891.86
四	价差	元			69.91
五	税金	%	9.00		2608.95
	合计				31597.26

94. 洞内锚杆 $\phi20$ $L=2.0$m（风钻）

建 筑 工 程 单 价 表

项目：洞内锚杆 $\phi20$ $L=2.0$m（风钻）

定额编号：50155×1　　　　定额单位：100 根

施工方法：气腿钻钻孔。

单价：89.44 元　　　　单位：根

编号	名称及规格	单位	数量	单价（元）	合价（元）
一	直接费				6306.97
1	基本直接费				5908.17
(1)	人工费				1404.28
	高级熟练工	工时	8.00	10.26	82.08
	熟练工	工时	40.00	7.61	304.40
	半熟练工	工时	78.00	5.95	464.10
	普工	工时	113.00	4.90	553.70
(2)	材料费				3021.24
	合金钻头	个	6.68	50.00	334.00
	风钻钻杆	kg	3.62	7.00	25.34
	锚杆 $\phi20$	kg	545.00	4.06	2212.70
	接缝砂浆 C30	m^3	0.23	344.35	79.20
	其他材料费	元	370.00	1.00	370.00
(3)	机械使用费				1482.65
	风钻气腿式	台时	38.95	36.14	1407.65
	其他机械使用费	元	75.00	1.00	75.00
2	其他直接费	%	6.75		398.80
二	间接费	%	21.46		1353.48
三	利润	%	7.00		536.23
四	价差	元			8.63
五	税金	%	9.00		738.48
	合计				8943.79

95. 洞内锚杆 $\phi20$ L=2.5m（风钻）

建筑工程单价表

项目：洞内锚杆 $\phi20$ L=2.5m（风钻）

定额编号：50155×0.75，50159×0.25　　　定额单位：100 根

施工方法：气腿钻钻孔。

单价：111.90 元　　　单位：根

编号	名称及规格	单位	数量	单价（元）	合价（元）
一	直接费				7891.06
1	基本直接费				7392.09
(1)	人工费				1706.60
	高级熟练工	工时	8.25	10.26	84.65
	熟练工	工时	47.25	7.61	359.57
	半熟练工	工时	92.75	5.95	551.86
	普工	工时	145.00	4.90	710.50
(2)	材料费				3679.93
	合金钻头	个	8.29	50.00	414.25
	风钻钻杆	kg	4.51	7.00	31.55
	锚杆 $\phi20$	kg	674.50	4.06	2738.47
	接缝砂浆 C30	m^3	0.29	344.35	98.14
	其他材料费	元	397.50	1.00	397.50
(3)	机械使用费				2005.56
	风钻气腿式	台时	52.69	36.14	1904.31
	其他机械使用费	元	101.25	1.00	101.25
2	其他直接费	%	6.75		498.97
二	间接费	%	21.46		1693.42
三	利润	%	7.00		670.91
四	价差	元			10.50
五	税金	%	9.00		923.93
	合计				11189.82

96. 洞内锚杆 $\phi20$ L=4.0（风钻）

建筑工程单价表

项目：洞内锚杆 $\phi20$ L=4.0（风钻）

定额编号：50159×1　　　定额单位：100 根

施工方法：气腿钻钻孔。

单价：179.29 元　　　单位：根

编号	名称及规格	单位	数量	单价（元）	合价（元）
一	直接费				12643.13
1	基本直接费				11843.68
(1)	人工费				2613.48
	高级熟练工	工时	9.00	10.26	92.34
	熟练工	工时	69.00	7.61	525.09
	半熟练工	工时	137.00	5.95	815.15
	普工	工时	241.00	4.90	1180.90
(2)	材料费				5655.93
	合金钻头	个	13.10	50.00	655.00
	风钻钻杆	kg	7.17	7.00	50.19
	锚杆 $\phi20$	kg	1063.00	4.06	4315.78
	接缝砂浆 C30	m^3	0.45	344.35	154.96
	其他材料费	元	480.00	1.00	480.00
(3)	机械使用费				3574.27
	风钻气腿式	台时	93.92	36.14	3394.27
	其他机械使用费	元	180.00	1.00	180.00
2	其他直接费	%	6.75		799.45
二	间接费	%	21.46		2713.22
三	利润	%	7.00		1074.94
四	价差	元			16.88
五	税金	%	9.00		1480.34
	合计				17928.50

97. 洞内锚杆 $\phi 25$ $L=4.5$（风钻）

建筑工程单价表

项目：洞内锚杆 $\phi 25$ $L=4.5$（风钻）

定额编号：50159×0.75，50163×0.25　　　　定额单位：100 根

施工方法：气腿钻钻孔。

单价：247.40 元　　　　单位：根

编号	名称及规格	单位	数量	单价（元）	合价（元）
一	直接费				17449.44
1	基本直接费				16346.08
(1)	人工费				3040.19
	高级熟练工	工时	9.75	10.26	100.04
	熟练工	工时	79.25	7.61	603.09
	半熟练工	工时	157.25	5.95	935.64
	普工	工时	286.00	4.90	1401.40
(2)	材料费				8998.94
	合金钻头	个	14.46	50.00	722.75
	风钻钻杆	kg	7.91	7.00	55.37
	锚杆 $\phi 25$	kg	1859.25	4.06	7548.56
	接缝砂浆 C30	m^3	0.51	344.35	174.76
	其他材料费	元	497.50	1.00	497.50
(3)	机械使用费				4306.95
	风钻气腿式	台时	113.23	36.14	4091.95
	其他机械使用费	元	215.00	1.00	215.00
2	其他直接费	%	6.75		1103.36
二	间接费	%	21.46		3744.65
三	利润	%	7.00		1483.59
四	价差	元			19.13
五	税金	%	9.00		2042.71
	合计				24739.52

98. 洞内锚杆 $\phi 25$ $L=6m$（风钻）

建筑工程单价表

项目：洞内锚杆 $\phi 25$ $L=6m$（风钻）

定额编号：50163×1　　　　定额单位：100 根

施工方法：气腿钻钻孔。

单价：342.31 元　　　　单位：根

编号	名称及规格	单位	数量	单价（元）	合价（元）
一	直接费				24144.98
1	基本直接费				22618.25
(1)	人工费				4320.22
	高级熟练工	工时	12.00	10.26	123.12
	熟练工	工时	110.00	7.61	837.10
	半熟练工	工时	218.00	5.95	1297.10
	普工	工时	421.00	4.90	2062.90
(2)	材料费				11793.03
	合金钻头	个	18.52	50.00	926.00
	风钻钻杆	kg	10.13	7.00	70.91
	锚杆 $\phi 25$	kg	2466.00	4.06	10011.96
	接缝砂浆 C30	m^3	0.68	344.35	234.16
	其他材料费	元	550.00	1.00	550.00
(3)	机械使用费				6505.00
	风钻气腿式	台时	171.14	36.14	6185.00
	其他机械使用费	元	320.00	1.00	320.00
2	其他直接费	%	6.75		1526.73
二	间接费	%	21.46		5181.51
三	利润	%	7.00		2052.85
四	价差	元			25.50
五	税金	%	9.00		2826.44
	合计				34231.29

99. 露天锚杆 ϕ28 $L=7$（潜孔钻）

建筑工程单价表

项目：露天锚杆 ϕ28 $L=7$（潜孔钻）

定额编号：50042×1　　　　定额单位：100 根

施工方法：潜孔钻钻孔。

单价：720.04 元　　　　单位：根

编号	名称及规格	单位	数量	单价（元）	合价（元）
一	直接费				50731.97
1	基本直接费				47524.09
(1)	人工费				8076.86
	高级熟练工	工时	119.00	10.26	1220.94
	熟练工	工时	372.00	7.61	2830.92
	半熟练工	工时	296.00	5.95	1761.20
	普工	工时	462.00	4.90	2263.80
(2)	材料费				21947.08
	钻杆	kg	23.03	13.77	317.12
	锚杆 ϕ28	kg	3601.00	4.06	14620.06
	冲击器	套	1.29	1712.00	2208.48
	接缝砂浆 C30	m^3	3.36	344.35	1157.02
	钻头 80 型	个	10.28	230.00	2364.40
	其他材料费	元	1280.00	1.00	1280.00
(3)	机械使用费				17500.15
	潜孔钻低风压 QZJ-100B	台时	212.36	71.53	15190.11
	灌浆泵中低压砂浆	台时	19.61	38.31	751.26
	灰浆搅拌机	台时	19.61	24.86	487.50
	风水枪耗风量 2～6m^3/min	台时	6.12	39.13	239.48
	载重汽车 5t	台时	4.00	140.45	561.80
	其他机械使用费	元	270.00	1.00	270.00
2	其他直接费	%	6.75		3207.88
二	间接费	%	21.46		10887.08
三	利润	%	7.00		4313.33
四	价差	元			126.00
五	税金	%	9.00		5945.25
	合计				72003.63

100. 露天锚杆 ϕ25 $L=8$（潜孔钻）

建筑工程单价表

项目：露天锚杆 ϕ25 $L=8$（潜孔钻）

定额编号：50042×0.67，50046×0.33　　　　定额单位：100 根

施工方法：潜孔钻钻孔。

单价：799.53 元　　　　单位：根

编号	名称及规格	单位	数量	单价（元）	合价（元）
一	直接费				56266.94
1	基本直接费				52709.08
(1)	人工费				9599.03
	高级熟练工	工时	139.46	10.26	1430.86
	熟练工	工时	441.96	7.61	3363.32
	半熟练工	工时	362.66	5.95	2157.83
	普工	工时	540.21	4.90	2647.03
(2)	材料费				22358.83
	定位钢筋	kg	134.64	3.40	457.78
	钻杆	kg	26.29	13.77	362.02
	锚杆 ϕ25	kg	3270.29	4.06	13277.38
	冲击器	套	1.47	1712.00	2519.21
	电焊条	kg	28.66	7.50	214.98
	接缝砂浆 C30	m^3	3.84	344.35	1320.65
	钻头 80 型	个	11.74	230.00	2699.12
	其他材料费	元	1507.70	1.00	1507.70
(3)	机械使用费				20751.22
	潜孔钻低风压 QZJ-100B	台时	241.64	71.53	17284.34
	灌浆泵中低压砂浆	台时	21.30	38.31	815.99
	灰浆搅拌机	台时	21.30	24.86	529.51
	风水枪耗风量 2～6m^3/min	台时	6.97	39.13	272.79
	载重汽车 5t	台时	4.56	140.45	641.06
	电焊机交流 50kVA	台时	31.18	28.48	888.05
	其他机械使用费	元	319.50	1.00	319.50
2	其他直接费	%	6.75		3557.86
二	间接费	%	21.46		12074.89
三	利润	%	7.00		4783.93
四	价差	元			225.76
五	税金	%	9.00		6601.64
	合计				79953.15

101. 露天锚杆 $\phi25$ $L=4.0$（风钻）

建筑工程单价表

项目：露天锚杆 $\phi25$ $L=4.0$（风钻）

定额编号：50006×1　　　　定额单位：100 根

施工方法：气腿钻钻孔。

单价：174.53 元　　　　单位：根

编号	名称及规格	单位	数量	单价（元）	合价（元）
一	直接费				12307.15
1	基本直接费				11528.95
(1)	人工费				2074.51
	高级熟练工	工时	9.00	10.26	92.34
	熟练工	工时	57.00	7.61	433.77
	半熟练工	工时	112.00	5.95	666.40
	普工	工时	180.00	4.90	882.00
(2)	材料费				7618.74
	合金钻头	个	10.83	50.00	541.50
	风钻钻杆	kg	4.98	7.00	34.86
	锚杆 $\phi25$	kg	1657.00	4.06	6727.42
	接缝砂浆 C30	m^3	0.45	344.35	154.96
	其他材料费	元	160.00	1.00	160.00
(3)	机械使用费				1835.70
	风钻手持式	台时	66.76	25.40	1695.70
	其他机械使用费	元	140.00	1.00	140.00
2	其他直接费	%	6.75		778.20
二	间接费	%	21.46		2641.12
三	利润	%	7.00		1046.38
四	价差	元			16.88
五	税金	%	9.00		1441.04
	合计				17452.57

102. 露天锚束 $3\phi28$ $L=12m$

建筑工程单价表

项目：露天锚束 $3\phi28$ $L=12m$

定额编号：50046×1.8，50050×1.2　　　　定额单位：100 根

施工方法：潜孔钻钻孔。

单价：4112.45 元　　　　单位：根

编号	名称及规格	单位	数量	单价（元）	合价（元）
一	直接费				289087.76
1	基本直接费				270808.21
(1)	人工费				47504.97
	高级熟练工	工时	681.00	10.26	6987.06
	熟练工	工时	2187.60	7.61	16647.64
	半熟练工	工时	1837.20	5.95	10931.34
	普工	工时	2640.60	4.90	12938.94
(2)	材料费				120592.80
	定位钢筋	kg	1534.80	3.40	5218.32
	钻杆	kg	118.47	13.77	1631.33
	锚杆 $\phi28$	kg	18409.20	4.06	74741.35
	冲击器	套	6.62	1712.00	11340.29
	电焊条	kg	326.03	7.50	2445.21
	接缝砂浆 C30	m^3	17.28	344.35	5950.37
	钻头 80 型	个	52.88	230.00	12161.94
	其他材料费	元	7104.00	1.00	7104.00
(3)	机械使用费				102710.44
	潜孔钻低风压 QZJ-100B	台时	1153.84	71.53	82533.89
	灌浆泵中低压砂浆	台时	84.63	38.31	3242.18
	灰浆搅拌机	台时	84.63	24.86	2103.90
	风水枪耗风量 $2\sim6m^3/min$	台时	31.28	39.13	1224.14
	载重汽车 5t	台时	20.54	140.45	2884.56
	电焊机交流 50kVA	台时	321.27	28.48	9149.77
	其他机械使用费	元	1572.00	1.00	1572.00
2	其他直接费	%	6.75		18279.55
二	间接费	%	21.46		62038.23
三	利润	%	7.00		24578.82
四	价差	元			1584.23
五	税金	%	9.00		33956.01
	合计				411245.06

103. 露天锚索 2000kN L＝40m（地质钻机）

建筑工程单价表

项目：露天锚索 2000kN L＝40m（地质钻机）

定额编号：50537×1　　定额单位：束

施工方法：无黏结式岩石预应力锚索，地质钻钻孔。

单价：46940.67 元　　单位：束

编号	名称及规格	单位	数量	单价（元）	合价（元）
一	直接费				33082.64
1	基本直接费				30990.76
（1）	人工费				4984.06
	高级熟练工	工时	46.00	10.26	471.96
	熟练工	工时	145.00	7.61	1103.45
	半熟练工	工时	311.00	5.95	1850.45
	普工	工时	318.00	4.90	1558.20
（2）	材料费				17116.34
	水泥浆 1∶0.32	m^3	1.22	608.00	741.76
	钢筋	kg	45.00	3.40	153.00
	预埋钢管 1.5″	m	1.10	40.00	44.00
	定向钢套管 ϕ180×5	m	1.10	180.00	198.00
	金刚石钻头 ϕ168	个	2.16	1450.00	3132.00
	岩芯管	m	3.25	70.00	227.50
	地质钻机钻杆 ϕ50	m	2.66	84.00	223.44
	钻杆接头	个	2.56	70.00	179.20
	锚具 OVM15～12	套	1.00	853.00	853.00
	扩孔器 ϕ168	个	0.76	560.00	425.60
	综合水价	m^3	436.00	2.84	1238.24
	导向帽	个	1.00	30.00	30.00
	混凝土墩钢垫板	kg	12.00	8.50	102.00
	灌浆管聚氯乙烯 3/4″	m	88.00	8.00	704.00
	内外支架	个	58.00	15.00	870.00

续表

编号	名称及规格	单位	数量	单价（元）	合价（元）
	工具锚夹片摊销	付	1.20	60.00	72.00
	无黏结钢绞线	kg	668.00	9.50	6346.00
	C30 SN42.5 级配 2	m^3	2.00	220.80	441.60
	其他材料费	元	1135.00	1.00	1135.00
（3）	机械使用费				8890.36
	地质钻机 300 型	台时	98.40	49.01	4822.58
	灌浆泵中低压泥浆	台时	4.40	39.14	172.22
	灰浆搅拌机	台时	4.40	24.86	109.38
	载重汽车 5t	台时	9.21	140.45	1293.54
	汽车起重机柴油型 8t	台时	15.49	117.38	1818.22
	张拉千斤顶　YKD-18	台时	0.84	0.17	0.14
	张拉千斤顶 YCW-250	台时	5.93	4.69	27.81
	电动油泵型号 ZB4-500	台时	6.76	34.10	230.52
	电焊机直流 30kVA	台时	0.54	25.83	13.95
	其他机械使用费	元	402.00	1.00	402.00
2	其他直接费	%	6.75		2091.88
二	间接费	%	21.46		7099.53
三	利润	%	7.00		2812.75
四	价差	元			69.91
五	税金	%	9.00		3875.83
	合计				46940.67

104. 露天锚索 2000kN L=25m（地质钻机）

建筑工程单价表

项目：露天锚索 2000kN L=25m（地质钻机）

定额编号：50535×1　　　　定额单位：束

施工方法：无黏结式岩石预应力锚索，地质钻钻孔。

单价：31526.36 元　　　　单位：束

编号	名称及规格	单位	数量	单价（元）	合价（元）
一	直接费				22201.35
1	基本直接费				20797.52
（1）	人工费				3258.87
	高级熟练工	工时	28.00	10.26	287.28
	熟练工	工时	104.00	7.61	791.44
	半熟练工	工时	205.00	5.95	1219.75
	普工	工时	196.00	4.90	960.40
（2）	材料费				11617.74
	水泥浆 1∶0.32	m^3	0.76	608.00	462.08
	钢筋	kg	45.00	3.40	153.00
	预埋钢管 1.5″	m	1.10	40.00	44.00
	定向钢套管 ϕ180×5	m	1.10	180.00	198.00
	金刚石钻头 ϕ168	个	1.35	1450.00	1957.50
	岩芯管	m	2.03	70.00	142.10
	地质钻机钻杆 ϕ50	m	1.66	84.00	139.44
	钻杆接头	个	1.60	70.00	112.00
	锚具 OVM15～12	套	1.00	853.00	853.00
	扩孔器 ϕ168	个	0.47	560.00	263.20
	综合水价	m^3	273.00	2.84	775.32
	导向帽	个	1.00	30.00	30.00
	混凝土墩钢垫板	kg	12.00	8.50	102.00
	灌浆管聚氯乙烯 3/4″	m	57.00	8.00	456.00
	内外支架	个	37.00	15.00	555.00
	工具锚夹片摊销	付	1.20	60.00	72.00
	无黏结钢绞线	kg	429.00	9.50	4075.50
	C30 SN42.5 级配 2	m^3	2.00	220.80	441.60
	其他材料费	元	786.00	1.00	786.00
（3）	机械使用费				5920.91
	地质钻机 300 型	台时	61.50	49.01	3014.12
	灌浆泵中低压泥浆	台时	2.75	39.14	107.64
	灰浆搅拌机	台时	2.75	24.86	68.37
	载重汽车 5t	台时	7.10	140.45	997.20
	汽车起重机柴油型 8t	台时	10.21	117.38	1198.45
	张拉千斤顶　YKD-18	台时	0.77	0.17	0.13
	张拉千斤顶 YCW-250	台时	5.40	4.69	25.33
	电动油泵型号 ZB4-500	台时	6.15	34.10	209.72
	电焊机直流 30kVA	台时	0.54	25.83	13.95
	其他机械使用费	元	286.00	1.00	286.00
2	其他直接费	%	6.75		1403.83
二	间接费	%	21.46		4764.41
三	利润	%	7.00		1887.60
四	价差	元			69.91
五	税金	%	9.00		2603.09
	合计				31526.37

105. 露天锚索 1000kN L=25m（地质钻机）

建筑工程单价表

项目：露天锚索 1000kN L=25m（地质钻机）

定额编号：50521×1　　定额单位：束

施工方法：无黏结式岩石预应力锚索，地质钻钻孔。

单价：22629.63 元　　单位：根

编号	名称及规格	单位	数量	单价（元）	合价（元）
一	直接费				15920.95
1	基本直接费				14914.24
(1)	人工费				2422.27
	高级熟练工	工时	21.00	10.26	215.46
	熟练工	工时	81.00	7.61	616.41
	半熟练工	工时	152.00	5.95	904.40
	普工	工时	140.00	4.90	686.00
(2)	材料费				8171.60
	水泥浆 1∶0.32	m^3	0.50	608.00	304.00
	钢筋	kg	45.00	3.40	153.00
	预埋钢管 1.5″	m	1.10	40.00	44.00
	定向钢套管 ϕ121×4	m	1.10	170.00	187.00
	金刚石钻头 ϕ130	个	1.35	1045.00	1410.75
	岩芯管	m	2.03	70.00	142.10
	地质钻机钻杆 ϕ50	m	1.66	84.00	139.44
	钻杆接头	个	1.60	70.00	112.00
	锚具 OVM15～7	套	1.00	306.00	306.00
	扩孔器 ϕ130	个	0.47	545.00	256.15
	综合水价	m^3	209.00	2.84	593.56
	导向帽	个	1.00	30.00	30.00
	混凝土墩钢垫板	kg	12.00	8.50	102.00
	灌浆管聚氯乙烯 3/4″	m	57.00	8.00	456.00
	内外支架	个	37.00	15.00	555.00

续表

编号	名称及规格	单位	数量	单价（元）	合价（元）
	工具锚夹片摊销	付	0.70	60.00	42.00
	无黏结钢绞线	kg	250.00	9.50	2375.00
	C30 SN42.5 级配 2	m^3	2.00	220.80	441.60
	其他材料费	元	522.00	1.00	522.00
(3)	机械使用费				4320.37
	地质钻机 300 型	台时	47.11	49.01	2308.86
	灌浆泵中低压泥浆	台时	1.56	39.14	61.06
	灰浆搅拌机	台时	1.56	24.86	38.78
	载重汽车 5t	台时	5.51	140.45	773.88
	汽车起重机柴油型 8t	台时	6.25	117.38	733.63
	张拉千斤顶 YKD-18	台时	0.59	0.17	0.10
	张拉千斤顶 YCW-150	台时	4.15	3.73	15.48
	电动油泵型号 ZB4-500	台时	4.74	34.10	161.63
	电焊机直流 30kVA	台时	0.54	25.83	13.95
	其他机械使用费	元	213.00	1.00	213.00
2	其他直接费	%	6.75		1006.71
二	间接费	%	21.46		3416.64
三	利润	%	7.00		1353.63
四	价差	元			69.91
五	税金	%	9.00		1868.50
	合计				22629.63

106. 露天锚索1000kN L=20m（地质钻机）

建筑工程单价表

项目：露天锚索1000kN L=20m（地质钻机）

定额编号：50520×1　　定额单位：束

施工方法：无黏结式岩石预应力锚索，地质钻钻孔。

单价：19063.67元　　单位：束

编号	名称及规格	单位	数量	单价（元）	合价（元）
一	直接费				13403.66
1	基本直接费				12556.12
(1)	人工费				2070.19
	高级熟练工	工时	17.00	10.26	174.42
	熟练工	工时	72.00	7.61	547.92
	半熟练工	工时	131.00	5.95	779.45
	普工	工时	116.00	4.90	568.40
(2)	材料费				6858.20
	水泥浆 1：0.32	m^3	0.40	608.00	243.20
	钢筋	kg	45.00	3.40	153.00
	预埋钢管 1.5″	m	1.10	40.00	44.00
	定向钢套管 ϕ121×4	m	1.10	170.00	187.00
	金刚石钻头 ϕ130	个	1.08	1045.00	1128.60
	岩芯管	m	1.63	70.00	114.10
	地质钻机钻杆 ϕ50	m	1.33	84.00	111.72
	钻杆接头	个	1.28	70.00	89.60
	锚具 OVM15～7	套	1.00	306.00	306.00
	扩孔器 ϕ130	个	0.38	545.00	207.10
	综合水价	m^3	167.00	2.84	474.28
	导向帽	个	1.00	30.00	30.00
	混凝土墩钢垫板	kg	12.00	8.50	102.00
	灌浆管聚氯乙烯 3/4″	m	45.00	8.00	360.00
	内外支架	个	30.00	15.00	450.00
	工具锚夹片摊销	付	0.70	60.00	42.00
	无黏结钢绞线	kg	204.00	9.50	1938.00
	C30 SN42.5 级配 2	m^3	2.00	220.80	441.60
	其他材料费	元	436.00	1.00	436.00

续表

编号	名称及规格	单位	数量	单价（元）	合价（元）
(3)	机械使用费				3627.73
	地质钻机 300 型	台时	37.69	49.01	1847.19
	灌浆泵中低压泥浆	台时	1.25	39.14	48.93
	灰浆搅拌机	台时	1.25	24.86	31.08
	载重汽车 5t	台时	5.10	140.45	716.30
	汽车起重机柴油型 8t	台时	5.23	117.38	613.90
	张拉千斤顶　YKD-18	台时	0.57	0.17	0.10
	张拉千斤顶 YCW-150	台时	3.97	3.73	14.81
	电动油泵型号 ZB4-500	台时	4.53	34.10	154.47
	电焊机直流 30kVA	台时	0.54	25.83	13.95
	其他机械使用费	元	187.00	1.00	187.00
2	其他直接费	%	6.75		847.54
二	间接费	%	21.46		2876.43
三	利润	%	7.00		1139.61
四	价差	元			69.91
五	税金	%	9.00		1574.06
	合计				19063.66

107. 洞内锚索 2000kN L=40m（地质钻机）

建筑工程单价表

项目：洞内锚索 2000kN L=40m（地质钻机）

定额编号：50537×1　　　　定额单位：束

施工方法：无黏结式岩石预应力锚索，地质钻钻孔。

单价：47046.42 元　　　　单位：根

编号	名称及规格	单位	数量	单价（元）	合价（元）
一	直接费				33157.29
1	基本直接费				31060.69
(1)	人工费				5033.89
	高级熟练工	工时	46.46	10.26	476.68
	熟练工	工时	146.45	7.61	1114.48
	半熟练工	工时	314.11	5.95	1868.95
	普工	工时	321.18	4.90	1573.78
(2)	材料费				17116.34
	水泥浆 1：0.32	m^3	1.22	608.00	741.76
	钢筋	kg	45.00	3.40	153.00
	预埋钢管 1.5″	m	1.10	40.00	44.00
	定向钢套管 ϕ180×5	m	1.10	180.00	198.00
	金刚石钻头 ϕ168	个	2.16	1450.00	3132.00
	岩芯管	m	3.25	70.00	227.50
	地质钻机钻杆 ϕ50	m	2.66	84.00	223.44
	钻杆接头	个	2.56	70.00	179.20
	锚具 OVM15～12	套	1.00	853.00	853.00
	扩孔器 ϕ168	个	0.76	560.00	425.60
	综合水价	m^3	436.00	2.84	1238.24
	导向帽	个	1.00	30.00	30.00
	混凝土墩钢垫板	kg	12.00	8.50	102.00
	灌浆管聚氯乙烯 3/4″	m	88.00	8.00	704.00
	内外支架	个	58.00	15.00	870.00

续表

编号	名称及规格	单位	数量	单价（元）	合价（元）
	工具锚夹片摊销	付	1.20	60.00	72.00
	无黏结钢绞线	kg	668.00	9.50	6346.00
	C30 SN42.5 级配 2	m^3	2.00	220.80	441.60
	其他材料费	元	1135.00	1.00	1135.00
(3)	机械使用费				8910.46
	地质钻机 300 型	台时	98.40	49.01	4822.58
	灌浆泵中低压泥浆	台时	4.40	39.14	172.22
	灰浆搅拌机	台时	4.40	24.86	109.38
	载重汽车 5t	台时	9.21	140.45	1293.54
	汽车起重机柴油型 8t	台时	15.49	117.38	1818.22
	张拉千斤顶　YKD-18	台时	0.84	0.17	0.14
	张拉千斤顶 YCW-250	台时	5.93	4.69	27.81
	电动油泵型号 ZB4-500	台时	6.76	34.10	230.52
	电焊机直流 30kVA	台时	0.54	25.83	13.95
	其他机械使用费	元	422.10	1.00	422.10
2	其他直接费	%	6.75		2096.60
二	间接费	%	21.46		7115.55
三	利润	%	7.00		2819.10
四	价差	元			69.91
五	税金	%	9.00		3884.57
	合计				47046.42

108. 露天预应力锚杆 $\phi28$ $L=10m$

建 筑 工 程 单 价 表

项目：露天预应力锚杆 $\phi28$ $L=10m$

定额编号：50354×1　　定额单位：根

施工方法：潜孔钻钻孔。

单价：3119.04 元　　单位：根

编号	名称及规格	单位	数量	单价（元）	合价（元）
一	直接费				2189.53
1	基本直接费				2051.08
(1)	人工费				535.20
	高级熟练工	工时	5.00	10.26	51.30
	熟练工	工时	25.00	7.61	190.25
	半熟练工	工时	37.00	5.95	220.15
	普工	工时	15.00	4.90	73.50
(2)	材料费				634.05
	钢筋	kg	17.00	3.40	57.80
	钻杆 $\phi50$	kg	0.36	9.00	3.24
	锚杆 $\phi32$	kg	55.84	4.06	226.71
	单根钢筋锚具	套	1.05	150.00	157.50
	冲击器	套	0.02	1712.00	34.24
	电焊条	kg	1.44	7.50	10.80
	C30 SN42.5 级配 2	m^3	0.13	220.80	28.70
	接缝砂浆 C30	m^3	0.06	344.35	20.66
	钻头 80 型	个	0.18	230.00	41.40
	其他材料费	元	53.00	1.00	53.00
(3)	机械使用费				881.83
	风镐铲手持式	台时	0.39	9.80	3.82
	潜孔钻低风压 QZJ-100B	台时	6.15	71.53	439.91
	灌浆泵中低压砂浆	台时	1.04	41.76	43.43
	灰浆搅拌机	台时	1.04	24.86	25.85
	风水枪耗风量 2～6m^3/min	台时	0.15	39.13	5.87
	载重汽车 5t	台时	1.03	140.45	144.66
	汽车起重机柴油型 8t	台时	1.03	117.38	120.90

续表

编号	名称及规格	单位	数量	单价（元）	合价（元）
	链式起重机电动 1t	台时	0.53	3.00	1.59
	张拉千斤顶 YCQ-100	台时	0.62	0.62	0.38
	电动油泵型号 ZB4-500	台时	0.62	34.10	21.14
	电焊机交流 50kVA	台时	1.59	28.48	45.28
	其他机械使用费	元	29.00	1.00	29.00
2	其他直接费	%	6.75		138.45
二	间接费	%	21.46		469.87
三	利润	%	7.00		186.16
四	价差	元			15.94
五	税金	%	9.00		257.53
	合计				3119.03

109. 帷幕灌浆钻孔（洞内）

建 筑 工 程 单 价 表

项目：帷幕灌浆钻孔（洞内）

定额编号：70031×0，70027×1　　定额单位：100m

施工方法：地质钻机钻钻岩石孔，孔深≤50m，洞内工作高度≤5m。

单价：328.59 元　　单位：m

编号	名称及规格	单位	数量	单价（元）	合价（元）
一	直接费				23667.68
1	基本直接费				22171.13
(1)	人工费				3039.77
	高级熟练工	工时	20.52	10.26	210.54
	熟练工	工时	76.68	7.61	583.53
	半熟练工	工时	208.44	5.95	1240.22
	普工	工时	205.20	4.90	1005.48
(2)	材料费				10926.88
	金刚石钻头	个	5.50	1200.00	6600.00

续表

编号	名称及规格	单位	数量	单价（元）	合价（元）
	金刚石钻头 ϕ91	个		578.00	
	岩芯管	m	9.14	70.00	639.80
	地质钻机钻杆 ϕ50	m		84.00	
	钻杆	m	6.77	60.00	406.20
	钻杆接头	个	6.50	70.00	455.00
	扩孔器	个	2.03	500.00	1015.00
	扩孔器 ϕ91	个		483.00	
	综合水价	m^3	507.00	2.84	1439.88
	岩芯箱	个	2.04	50.00	102.00
	其他材料费	元	269.00	1.00	269.00
(3)	机械使用费				8204.48
	地质钻机 150 型	台时	159.02	42.40	6742.45
	地质钻机 300 型	台时		49.01	
	载重汽车 5t	台时	7.95	140.45	1116.58
	其他机械使用费	元	345.45	1.00	345.45
2	其他直接费	%	6.75		1496.55
二	间接费	%	19.04		4506.33
三	利润	%	7.00		1972.18
四	价差	元			
五	税金	%	9.00		2713.16
	合计				32859.35

110. 帷幕灌浆

建筑工程单价表

项目：帷幕灌浆

定额编号：70121×1　　　　定额单位：t

施工方法：帷幕灌浆自下而上，水泥单位注入量 50kg/m，洞内工作高度≤5m。

单价：6058.75 元　　　　单位：t

编号	名称及规格	单位	数量	单价（元）	合价（元）
一	直接费				4302.47
1	基本直接费				4030.42
(1)	人工费				506.06
	高级熟练工	工时	4.00	10.26	41.04
	熟练工	工时	17.00	7.61	129.37
	半熟练工	工时	21.00	5.95	124.95
	普工	工时	43.00	4.90	210.70
(2)	材料费				1136.08
	水泥 42.5	t	1.25	440.00	550.00
	综合水价	m^3	162.00	2.84	460.08
	其他材料费	元	126.00	1.00	126.00
(3)	机械使用费				2388.28
	地质钻机 300 型	台时	10.00	49.01	490.10
	灌浆泵中低压泥浆	台时	26.19	39.14	1025.08
	灰浆搅拌机 1000L	台时	3.91	21.80	85.24
	灰浆搅拌机 200L	台时	15.64	16.93	264.79
	灌浆自动记录仪	台时	13.30	11.05	146.97
	载重汽车 5t	台时	0.67	140.45	94.10
	其他机械使用费	元	282.00	1.00	282.00
2	其他直接费	%	6.75		272.05
二	间接费	%	19.04		819.19
三	利润	%	7.00		358.52
四	价差	元			78.31
五	税金	%	9.00		500.26
	合计				6058.75

111. 露天固结灌浆钻孔（潜孔钻）

建筑工程单价表

项目：露天固结灌浆钻孔（潜孔钻）

定额编号：70010×1　　　　定额单位：100m

施工方法：潜孔钻钻岩石孔，孔深 12m 以内。

单价：50.96 元　　　　单位：m

编号	名称及规格	单位	数量	单价（元）	合价（元）
一	直接费				3670.26
1	基本直接费				3438.18
(1)	人工费				496.95
	高级熟练工	工时	8.00	10.26	82.08
	熟练工	工时	22.00	7.61	167.42
	半熟练工	工时	21.00	5.95	124.95
	普工	工时	25.00	4.90	122.50
(2)	材料费				791.54
	潜孔钻钻头 80 型	个	1.54	220.00	338.80
	钻杆	kg	3.39	14.00	47.46
	冲击器	套	0.19	1712.00	325.28
	其他材料费	元	80.00	1.00	80.00
(3)	机械使用费				2149.69
	潜孔钻高风压 QZJ-100B	台时	29.34	71.53	2098.69
	其他机械使用费	元	51.00	1.00	51.00
2	其他直接费	%	6.75		232.08
二	间接费	%	19.04		698.82
三	利润	%	7.00		305.84
四	价差	元			
五	税金	%	9.00		420.74
	合计				5095.65

112. 露天固结灌浆（40kg/m）

建筑工程单价表

项目：露天固结灌浆（40kg/m）

定额编号：70085×0.5，70084×0.5　　　　定额单位：t

施工方法：露天岩石固结灌浆，自下而上，水泥单位注入量 40kg/m。

单价：4533.64 元　　　　单位：t

编号	名称及规格	单位	数量	单价（元）	合价（元）
一	直接费				3204.96
1	基本直接费				3002.30
(1)	人工费				439.11
	高级熟练工	工时	4.50	10.26	46.17
	熟练工	工时	15.00	7.61	114.15
	半熟练工	工时	20.50	5.95	121.98
	普工	工时	32.00	4.90	156.80
(2)	材料费				1092.68
	水泥 42.5	t	1.23	440.00	539.00
	综合水价	m^3	152.00	2.84	431.68
	其他材料费	元	122.00	1.00	122.00
(3)	机械使用费				1470.51
	地质钻机 300 型	台时	0.41	49.01	20.09
	灌浆泵中低压泥浆	台时	18.29	39.14	715.67
	灰浆搅拌机 200L	台时	17.59	16.93	297.71
	灌浆自动记录仪	台时	14.92	11.05	164.81
	载重汽车 5t	台时	0.66	140.45	92.70
	其他机械使用费	元	179.50	1.00	179.50
2	其他直接费	%	6.75		202.66
二	间接费	%	19.04		610.22
三	利润	%	7.00		267.06
四	价差	元			77.06
五	税金	%	9.00		374.34
	合计				4533.64

113. 洞内固结灌浆钻孔（风钻）

建筑工程单价表

项目：洞内固结灌浆钻孔（风钻）

定额编号：70007×1　　定额单位：100m

施工方法：气腿钻钻孔，孔深5m以内。

单价：28.07元　　单位：m

编号	名称及规格	单位	数量	单价（元）	合价（元）
一	直接费				2021.83
1	基本直接费				1893.99
(1)	人工费				674.13
	熟练工	工时	23.00	7.61	175.03
	半熟练工	工时	46.00	5.95	273.70
	普工	工时	46.00	4.90	225.40
(2)	材料费				238.92
	合金钻头	个	3.44	50.00	172.00
	风钻钻杆	kg	1.54	7.00	10.78
	综合水价	m^3	12.00	2.84	34.08
	其他材料费	元	22.06	1.00	22.06
(3)	机械使用费				980.94
	风钻气腿式	台时	25.87	36.14	934.94
	其他机械使用费	元	46.00	1.00	46.00
2	其他直接费	%	6.75		127.84
二	间接费	%	19.04		384.96
三	利润	%	7.00		168.48
四	价差	元			
五	税金	%	9.00		231.77
	合计				2807.04

114. 隧洞固结灌浆（40kg/m）

建筑工程单价表

项目：隧洞固结灌浆（40kg/m）

定额编号：70106×0.5，70107×0.5　　定额单位：t

施工方法：隧洞固结灌浆，水泥单位注入量40kg/m。

单价：4338.42元　　单位：t

编号	名称及规格	单位	数量	单价（元）	合价（元）
一	直接费				3064.34
1	基本直接费				2870.58
(1)	人工费				455.69
	高级熟练工	工时	4.50	10.26	46.17
	熟练工	工时	15.50	7.61	117.96
	半熟练工	工时	21.00	5.95	124.95
	普工	工时	34.00	4.90	166.60
(2)	材料费				1000.38
	水泥 42.5	t	1.23	440.00	539.00
	综合水价	m^3	119.50	2.84	339.38
	其他材料费	元	122.00	1.00	122.00
(3)	机械使用费				1414.51
	地质钻机 300 型	台时	0.41	49.01	20.09
	灌浆泵中低压泥浆	台时	17.57	39.14	687.49
	灰浆搅拌机 200L	台时	16.87	16.93	285.52
	灌浆自动记录仪	台时	14.34	11.05	158.40
	载重汽车 5t	台时	0.84	140.45	117.98
	其他机械使用费	元	145.00	1.00	145.00
2	其他直接费	%	6.75		193.76
二	间接费	%	19.04		583.45
三	利润	%	7.00		255.35
四	价差	元			77.06
五	税金	%	9.00		358.22
	合计				4338.42

115. 隧洞回填灌浆

建筑工程单价表

项目：隧洞回填灌浆

定额编号：70117×1　　　　定额单位：100m²

施工方法：风钻钻孔，灌浆泵灌浆。

单价：106.37 元　　　　单位：m²

编号	名称及规格	单位	数量	单价（元）	合价（元）
一	直接费				7321.89
1	基本直接费				6858.91
(1)	人工费				989.57
	高级熟练工	工时	7.00	10.26	71.82
	熟练工	工时	50.00	7.61	380.50
	半熟练工	工时	45.00	5.95	267.75
	普工	工时	55.00	4.90	269.50
(2)	材料费				3772.00
	水泥 42.5	t	6.90	440.00	3036.00
	综合水价	m³	50.00	2.84	142.00
	灌浆管　25～38mm	m	14.40	15.00	216.00
	其他材料费	元	378.00	1.00	378.00
(3)	机械使用费				2097.34
	风钻手持式	台时	15.67	25.40	398.02
	灌浆泵中低压泥浆	台时	26.83	39.14	1050.13
	灰浆搅拌机 200L	台时	26.83	16.93	454.23
	载重汽车 5t	台时	0.79	140.45	110.96
	其他机械使用费	元	84.00	1.00	84.00
2	其他直接费	%	6.75		462.98
二	间接费	%	19.04		1394.09
三	利润	%	7.00		610.12
四	价差	元			432.29
五	税金	%	9.00		878.25
	合计				10636.64

116. 露天排水孔

建筑工程单价表

项目：露天排水孔

定额编号：70057×1　　　　定额单位：100m

施工方法：手风钻钻孔，孔深 5m 以内。

单价：19.86 元　　　　单位：m

编号	名称及规格	单位	数量	单价（元）	合价（元）
一	直接费				1430.14
1	基本直接费				1339.71
(1)	人工费				538.43
	熟练工	工时	18.00	7.61	136.98
	半熟练工	工时	37.00	5.95	220.15
	普工	工时	37.00	4.90	181.30
(2)	材料费				229.37
	合金钻头	个	3.28	50.00	164.00
	风钻钻杆	kg	1.47	7.00	10.29
	综合水价	m³	12.00	2.84	34.08
	其他材料费	元	21.00	1.00	21.00
(3)	机械使用费				571.91
	风钻手持式	台时	21.02	25.40	533.91
	其他机械使用费	元	38.00	1.00	38.00
2	其他直接费	%	6.75		90.43
二	间接费	%	19.04		272.30
三	利润	%	7.00		119.17
四	价差	元			
五	税金	%	9.00		163.94
	合计				1985.55

117. 洞内排水孔 5m 以内

建筑工程单价表

项目：洞内排水孔 5m 以内

定额编号：70069×0，70061×1　　定额单位：100m

施工方法：手风钻钻孔，孔深 5m 以内。

单价：26.81 元　　单位：m

编号	名称及规格	单位	数量	单价（元）	合价（元）
一	直接费				1930.77
1	基本直接费				1808.68
(1)	人工费				644.82
	高级熟练工	工时		10.26	
	熟练工	工时	22.00	7.61	167.42
	半熟练工	工时	44.00	5.95	261.80
	普工	工时	44.00	4.90	215.60
(2)	材料费				229.37
	合金钻头	个	3.28	50.00	164.00
	潜孔钻钻头 80 型	个		220.00	
	钻杆	kg		14.00	
	风钻钻杆	kg	1.47	7.00	10.29
	冲击器	套		1712.00	
	综合水价	m^3	12.00	2.84	34.08
	其他材料费	元	21.00	1.00	21.00
(3)	机械使用费				934.49
	风钻气腿式	台时	24.64	36.14	890.49
	潜孔钻高风压 QZJ-100B	台时		71.53	
	其他机械使用费	元	44.00	1.00	44.00
2	其他直接费	%	6.75		122.09
二	间接费	%	19.04		367.62
三	利润	%	7.00		160.89
四	价差	元			
五	税金	%	9.00		221.33
	合计				2680.60

118. 接触灌浆

建筑工程单价表

项目：接触灌浆

定额编号：70152×1　　定额单位：$100m^2$

施工方法：镀锌钢管。

单价：110.88 元　　单位：m^2

编号	名称及规格	单位	数量	单价（元）	合价（元）
一	直接费				7912.57
1	基本直接费				7412.24
(1)	人工费				929.05
	高级熟练工	工时	7.00	10.26	71.82
	熟练工	工时	38.00	7.61	289.18
	半熟练工	工时	65.00	5.95	386.75
	普工	工时	37.00	4.90	181.30
(2)	材料费				5678.77
	水泥 42.5	t	1.50	440.00	660.00
	镀锌钢管 ϕ40	m	147.00	20.00	2940.00
	灌浆盒	个	21.00	10.50	220.50
	金刚石钻头 ϕ91	个	0.09	578.00	52.02
	岩芯管	m	0.14	70.00	9.80
	地质钻机钻杆 ϕ50	m	0.11	84.00	9.24
	钻杆接头	个	0.10	70.00	7.00
	扩孔器 ϕ91	个	0.05	483.00	24.15
	管件	个	58.00	6.00	348.00
	综合水价	m^3	209.00	2.84	593.56
	岩芯箱	个	0.41	50.00	20.50
	其他材料费	元	794.00	1.00	794.00
(3)	机械使用费				804.42
	地质钻机 300 型	台时	3.27	49.01	160.26
	灌浆泵中低压泥浆	台时	14.00	39.14	547.96
	灰浆搅拌机 200L	台时	1.52	16.93	25.73
	载重汽车 5t	台时	0.16	140.45	22.47
	其他机械使用费	元	48.00	1.00	48.00
2	其他直接费	%	6.75		500.33
二	间接费	%	19.04		1506.55
三	利润	%	7.00		659.34
四	价差	元			93.98
五	税金	%	9.00		915.52
	合计				11087.96

119. 排水廊道洞内排水孔一50m

建筑工程单价表

项目：排水廊道洞内排水孔一50m

定额编号：70077×1　　　　定额单位：100m

施工方法：地质钻钻孔，孔深 50m。

单价：240.25 元　　　　单位：m

编号	名称及规格	单位	数量	单价（元）	合价（元）
一	直接费				17304.59
1	基本直接费				16210.39
(1)	人工费				2574.23
	高级熟练工	工时	18.00	10.26	184.68
	熟练工	工时	65.00	7.61	494.65
	半熟练工	工时	176.00	5.95	1047.20
	普工	工时	173.00	4.90	847.70
(2)	材料费				6748.50
	金刚石钻头 ϕ91	个	5.15	578.00	2976.70
	岩芯管	m	8.21	70.00	574.70
	地质钻机钻杆 ϕ42	m	6.06	71.00	430.26
	钻杆接头	个	5.82	70.00	407.40
	扩孔器 ϕ91	个	1.72	483.00	830.76
	综合水价	m^3	452.00	2.84	1283.68
	合金块	kg		180.00	
	其他材料费	元	245.00	1.00	245.00
(3)	机械使用费				6887.66
	地质钻机 150 型	台时	133.19	42.40	5647.26
	载重汽车 5t	台时	6.66	140.45	935.40
	其他机械使用费	元	305.00	1.00	305.00
2	其他直接费	%	6.75		1094.20
二	间接费	%	19.04		3294.79
三	利润	%	7.00		1441.96
四	价差	元			
五	税金	%	9.00		1983.72
	合计				24025.06

120. 露天排水孔 12m 以内

建筑工程单价表

项目：露天排水孔 12m 以内

定额编号：70064×1　　　　定额单位：100m

施工方法：潜孔钻钻孔，孔深 12m 以内。

单价：48.52 元　　　　单位：m

编号	名称及规格	单位	数量	单价（元）	合价（元）
一	直接费				3494.91
1	基本直接费				3273.92
(1)	人工费				473.59
	高级熟练工	工时	8.00	10.26	82.08
	熟练工	工时	21.00	7.61	159.81
	半熟练工	工时	20.00	5.95	119.00
	普工	工时	23.00	4.90	112.70
(2)	材料费				752.78
	潜孔钻钻头 80 型	个	1.47	220.00	323.40
	钻杆	kg	3.23	14.00	45.22
	冲击器	套	0.18	1712.00	308.16
	其他材料费	元	76.00	1.00	76.00
(3)	机械使用费				2047.55
	潜孔钻高风压 QZJ-100B	台时	27.94	71.53	1998.55
	其他机械使用费	元	49.00	1.00	49.00
2	其他直接费	%	6.75		220.99
二	间接费	%	19.04		665.43
三	利润	%	7.00		291.22
四	价差	元			
五	税金	%	9.00		400.64
	合计				4852.20